童心園

童心園

童心園

童心園

謹將本書
獻給肯特

玩·做·學 **STEAM創客教室**

自己做機器人
圖解實作書

Awesome Robotics Projects for Kids: 20 Original STEAM Robots and Circuits to Design and Build

5大類用途╳20種機器人，從零開始成為機器人創客

作者 鮑伯·凱托維奇
Bob Katovich

譯者 穆允宜

第1章

機器人學
到底是什麼？

正在讀這本書的你，應該覺得機器人很酷吧？沒錯，機器人是真的很酷！但機器人會做什麼呢？為什麼機器人這麼厲害？我們為什麼需要機器人？在回答這些問題前，我們應該先想想人類。是什麼讓人類這麼厲害？有什麼事情是人類能做，但機器人做不到的？舉例來說，人類有愛人的能力，可以跟別人一起大笑，也懂得珍惜和享受生活。但有時候，人類會感到沮喪或不開心。為了能享受生活，我們常常得做一些很困難或很無聊的事情，像是工作。有些工作很危險，這就是機器人派上用場的時候了。機器人可以幫人類執行比較困難、無趣或是危險的工作，這樣一來，我們就可以把注意力放在真正重要的事物上，像是關愛別人、享受生活，還有看著網路迷因大笑。

研究**機器人學**，能讓我們的**文明**持續發展進步。在好幾千年以前，古埃及人建造了金字塔，成為數千年之間地球上最高的建築物。金字塔也是靠人力蓋出來的，不僅花了很多很多年才完工，還犧牲了幾千條人命。時至今日，我們已經懂得運用科學、科技、工程、藝術和數學來建造摩天大樓，這幾個領域合稱為**STEAM**。人類在這些領域的進步，讓我們能花更少的時間、用更加安全的方式，建造或製造出更好的東西。藉由STEAM的整合運用，我們可以讓人飛上月球並返回地球，也能製作出超棒的電腦和遊戲機，像是任天堂的遊戲主機。

還有，你知道機器人能幫助人類延續生命嗎？它們可以幫忙種植農作物、在我們生病時照顧我們，還能協助無法自理的人。就像著名的天才史蒂芬·霍金，他雖然全身癱瘓，但靠著一部機器人輪椅移動自如，還能透過電腦用機器人的聲音講話。霍金藉由使用這些機器人，讓我們對宇宙有了更多的認識。

在這本書中，我們會學到什麼是機器人，並學習自製機器人必備的各種知識。你準備好動手製作機器人了嗎？

機器人學的歷史

相較於宇宙的年齡，或是人類存在於世界上的時間，機器人的發展算是非常近期的事。不過，人類的機器人之夢已經延續好幾千年了。在人類發現電力之前，最早期的「機器人」被稱為**自動機**，那是利用**齒輪**和**槓桿**自行運作的機械，可以依照預先設計的方式移動。像是古希臘神話中，就有一個叫做塔羅斯的青銅機械巨人，相傳它保護著克里特島不受海盜侵擾（不過，現在迪士尼樂園有個叫做「加勒比海盜」的遊樂設施，裡面可是有一大堆**機械式**的自動機海盜呢！）

在比古希臘時代更近一點的**文藝復興**時期，知名的畫家兼發明家李奧納多‧達文西曾畫出一個機械騎士的構造圖，將它**設計**成可以做出轉頭、舉手和坐直的動作。不過，早期自動機的能力完全無法和人類相提並論。自動機在文藝復興時期逐漸成為熱門的娛樂表演道具，觀眾以貴族為主。知名的自動機工匠雅克‧德‧沃康松在1739年做出了「消化鴨」，這隻機械鴨會吃下穀粒，再從後面排出來，看起來就好像消化過穀粒一樣。不過對現在的我們來說，要這樣幫機器人換電池的話實在太麻煩啦！

捷克作家卡雷爾‧恰佩克在1920年寫了一齣劇本，劇名叫做《羅梭的萬能工人》，劇中首次出現「robot」（機器人）這個名詞。這齣劇裡的「機器人」是機械僕人，它們的外表和行為都和人類很像，不過，這齣劇的結局對人類來說不太好就是了。

第一個真正的機器人，是1960年代在史丹佛大學研發出來的機器人「沙基」，它可以到處移動，還會使用攝影機和障礙感測器，就像現在的Roomba掃地機器人。美國《生活》雜誌在1970年將沙基稱為「第一個電子人類」。不過，在沙基搖搖晃晃行進的同時，世界各地的許多企業也開始採用機器手臂製造產品，徹底改變了以往的生產方式。

隨著**太空時代**來臨，更多的機器人應運而生。1959年，蘇聯發射了

太空探測器「月球3號」，首度拍攝到月球背面的影像，並在1970年首次成功讓月球車登陸月球。1977年，美國發射了「航海家1號」和「航海家2號」，是目前為止運作最久、最迅速，而且飛行速度最快的太空機器人，這兩部太空探測器如今都已經距離地球數十億公里。

1980年代，由於Omnibot 2000出現，讓機器人管家從概念化為實體。Omnibot是日本多美公司製造的機器人，外觀充滿未來感，它可以搬運小東西，還能播放卡式錄音帶；不過，要是你弄丟它的遙控器，得要等到1990年代晚期，才能在拍賣網站eBay上面買到二手搖控器。由於《星際大戰》等科幻故事廣受歡迎，也刺激廠商開發更多娛樂和學習用的機器人，例如HERO系列（全名是「Heathkit教育機器人」）。1990年代中期，汽車製造商本田開發出P3，是第一部可以走路、揮手招呼及握手的**人形機器人**。

在1990年代上市的「菲比小精靈」，是一款具備語言學習能力的小型玩具機器人，有著毛茸茸的外表。菲比小精靈剛從包裝盒裡拿出來的時候，只會講它自己的奇怪語言，但會慢慢開始學著說出英文字句。這款玩具機器人受到熱烈歡迎，店家常常還來不及補貨就已銷售一空。不過，在玩具機器人變得越來越搶手的同時，人類也開發出各種機器人來執行工作，像是探索地形崎嶇的地方（包括火星表面），還有研究魚類如何游泳等等。有一款模仿人類頭部製作的機器人，叫做Kismet，它甚至可以表現出情緒。

2000年，達文西外科手術系統發明，徹底改變了醫療界。這套系統擁有四隻機器手臂，其中三隻拿著手術工具，另一隻拿著攝影機，可以讓外科醫生執行複雜的手術，而且手術過程只會產生微小的傷口。Sony在同一年創造了「夢幻機器人」（Dream Robot），它能夠辨識不同的臉孔、表達情緒，也可以行走；隔年，又有一款能協助組裝**國際太空站**的機器人問世。

機器人學這個領域將會持續發展、進步，因為在生活中的許多層

面，機器人都能幫助人類提升工作成果和效率。在STEAM五種學科統合運用之下，機器人的未來發展有著無限可能。

機器人到底是什麼？

　　如果你還是不太明白機器人是什麼，沒關係。或許你會想說：「機器人不就是機器嗎？」有這樣的疑問也沒關係，接下來，我們就來看看機器人跟機器有什麼差別。機器可以執行自動化或重複性的簡單工作，甚至可以執行很多不同的工作。但機器只會用同樣的方式做事，而且會不斷工作下去，直到有人給予停止的指令或把它關掉為止。機器人也能執行工作，不過它會依環境而有不同的反應，並根據某些條件改變行為。機器人可以「偵測」周遭環境，這些物理資訊就是**輸入資訊**，機器人會根據這些資訊來「思考」如何「行動」。

　　機器人會運用各種零件來執行動作，接下來，我們就來談談機器人的零件，看看它們有什麼作用。

感測器

　　感測器會從外在環境接收輸入資訊，也就是物理資訊，並轉換成**輸出資訊**，通常是以**電子訊號**的形式呈現。感測器分成許多類型，有些和我們人類的感官很相似。比方說，**光敏電阻器**、**紅外線發射器**和**太陽能板**能偵測光線，就像我們的眼睛。**麥克風**可以偵測聲音，就像我們的耳朵。**氣壓計**能偵測壓力的變化，**溫度計**則可偵測溫度變化，就像我們的皮膚。還有，就如同我們的鼻子能聞出煙和某些氣體，偵測器可以感測不同的氣體，有些機器人甚至能偵測到我們用鼻子聞不出來的氣體。

控制器

　　感測器的輸出資訊，會轉變成**控制器**的輸入資訊。這些來自感測器

的輸入資訊，是由機器人的控制器負責**解碼**。解碼就是一種「思考」，控制器會根據**程式設計**（也就是人類給予的指令）來進行解碼。**微控制器**可以轉換簡單的輸入資訊，把它變成簡單的輸出資訊；**電腦**則可進行更複雜的轉換。以人類來說，我們的大腦就像控制器一樣。

致動器

控制器的輸出資訊會變成讓**致動器**運作的輸入資訊；所謂的致動器，就是能讓機器人特定部位動起來的**裝置**，會運用到槓桿和齒輪、**馬達**和**伺服機構**、**液壓裝置**和**氣動裝置**，或是**電磁線圈**。換作人類來說的話，致動器就是肌肉。

效應器

致動器會驅動**效應器**，與環境相互作用。像手臂、腿和手指，都是人類和機器人的效應器。

動力來源

機器人需要動力來源，最常用於機器人的動力來源就是**電池**。電池會產生電流，而電流會通過一種叫做**電子迴路**的路徑，流經機器人的各個零件。有些機器人是靠太陽提供動力，也就是太陽能。另外，很多太空機器人是靠**核反應**產生熱能，再透過一種叫做**帕爾帖接面元件**的裝置，將熱能轉化成電力，做為動力的來源。人類的消化系統透過吃飯、進食，同樣會產生熱能和電能。

想要自己製作機器人，就一定要認識各種機器人零件。現在我們已經知道，機器人是一種能夠感知周圍環境、做出判斷的機械物體，而且能根據它們的設計和功能，執行簡單或複雜的動作。機器人如同人類，需要動力來源、感官、能發號施令的大腦，還有能執行動作的零件。

哪些機器不算是機器人？

問：烤土司機和掃地機器人有什麼差別？

答：烤土司機可能會把你的土司燒焦，不過要買一部掃地機器人，得要燒掉很多張小朋友喔！要小心！

（上面是在開玩笑，「燒掉很多張小朋友」是指花很多錢的意思。）

　　對於怎樣算是或不算是機器人，很多人抱持不同看法。例如，烤土司機算不算機器人呢？使用烤土司機時，你要轉動設定旋鈕（這算是感測器嗎？），按下壓柄（這算是輸入資訊嗎？）來啟動加熱線圈（這算是致動器嗎？）。經過一段時間（時間是由控制器決定的嗎？），烤土司機就會把土司彈出來（這算是效應器嗎？）。對很多**機器人學家**來說，烤土司機只不過是一種簡單的機器。但如果機器人不只是比較複雜的機器裝置，那機器人到底是什麼？這個問題就像很多事物的定義一樣，答案因人而異。對於開發出精密太空機器人的專家來說，要是聽到有人認為自動沖水馬桶是一種機器人，或許會覺得不高興。但是，假如某個人從來沒看過會自動沖水的馬桶，那他可能會充滿敬意的對馬桶說：「清便機器人，謝謝你！」

　　有些人分辨機器和機器人的方式，是根據它接收到輸入資訊時能不能做出對應的反應。機器只能依照預先編寫的程式，以程式中指定的方式執行指定的動作。只要有人按下某個按鈕，或是輸入某個指令，機器就會做出一樣的反應，不會有任何變化，所有反應都是自動化的動作（如果機器故障的話，當然就另當別論）。相較之下，機器人是針對**刺激**做出反應，和人類的行為較為相似。我們會評估狀況、判斷最適合的反應是什麼，然後運用我們的大腦控制身體行動，做出反應。同樣的，

這個說法的依據在於，機器人會根據輸入資訊（也就是環境因素）進行某種程度的評估或思考，然後產生適當的輸出資訊，也就是做出動作。你家的微波爐可以幫你加熱從餐廳帶回來的剩菜，看你要加熱幾分鐘都可以；但從另一方面來說，微波爐沒辦法偵測你的剩菜是不是還有餘溫，或是容器有幾分滿，然後根據這些資訊自行判斷食物應該要加熱幾分鐘。所以，微波爐只是機器，而不是機器人。

我們要記住一件很重要的事情，那就是**所有機器人的基礎都是機器**。機器人因為加入了感測器和程式，可以透過感測器判斷要採取什麼動作，這就是機器人**不只是**普通機器的原因。這本書教你製作的「機器人」大多都很簡單，但你可以從中掌握機器人學的基礎。或許未來有一天，你可以運用這些基礎自己製造出高科技機器人，讓它當你的個人助理、帶你飛上太空，或是幫你把房間打掃乾淨！

機器人學和STEAM有什麼關係？

機器人學是一門重要的科目，因為其中涵蓋了各種STEAM教育。什麼是STEAM呢？STEAM是個英文單字首字字母的**縮寫**，也就是以其他字詞的第一個字母組合起來的詞。我在前面提過，STEAM代表**科學、科技、工程、藝術和數學**，如果想要設計及製作機器人，一定要學這些科目。而且，因為機器人不只是很棒的玩具，還能改善我們的生活和這個世界，所以現在有很多學校課程會教導學生如何製作機器人。

那麼，我們就來看看機器人學和STEAM有什麼關聯。所謂的**科學**，是透過觀察和實驗來了解我們周遭的世界，可以為機器人學帶來**創新**，也就是突破性的發展（人們也可以做出能用來操作實驗的機器人！）。**科技**的意思是「工藝的科學」；為了進行實驗，科學家必須以精良的工藝製作出實驗需要的各種工具、感測器、探測器和控制器。像我們現在使用的機器人零件，有很多都來自於以前的科學實驗，人們是

到後來才發現這些東西很實用。**工程**是將科學研究發現的法則加以運用，製造出生活中的各種東西，包括機器人在內。**藝術**不只是關係到外表好不好看，還能幫助人類在思考時發揮創意。藝術有助於訓練你的大腦從各種角度思考問題，設法讓不同的東西能彼此相容，並且發揮功能。至於**數學**，則是科學家用來描述宇宙運作方式的語言，任何測量或計數都要用到數學。我們必須結合STEAM當中的每個學科，才能製作出機器人。

在美國早期的太空計畫中，為了計算如何將**衛星**和太空人送入軌道，電腦硬體公司IBM提供了一部（在當時）最先進的電腦給**NASA**（美國國家航空暨太空總署），協助研究人員進行非常複雜的運算工作。那部電腦體積龐大，需要一整間房間的空間才放得下，但因為有人忘記用數學計算房間門口的大小，結果電腦根本搬不進去！在機器人學中，STEAM的每個元素必須相輔相成，不然你可能就會像NASA一樣，得要打掉牆壁才能把你發明的東西擺進房間裡！

第2章

如何使用本書

- ❏ 17支15公分的冰棒棍
- ❏ 6片裁成4公分的小片冰棒棍
- ❏ 雙面膠
- ❏ 雙面泡棉膠帶
- ❏ 1塊布料，寬約十幾公分，長度和碗的**圓周**相同
- ❏ 4片點膠
- ❏ 5個活動眼睛（或是更多個！）
- ❏ 一般尺寸的麥克筆
- ❏ 3支小麥克筆
- ❏ 顏料、貼紙或其他裝飾物品（可省略）
- ❏ 鉛筆
- ❏ 56支15公分的壓舌板
- ❏ 電氣絕緣膠帶
- ❏ 細木棒或木樺，直徑0.3到0.5公分（總共要裁成21根長度2到10公分的木棍）

電池與電池配件

- ❏ 21顆3號電池（AA電池）
- ❏ 2顆4號電池（AAA電池）
- ❏ 3顆9**伏特**電池
- ❏ 6個可裝2顆3號電池的電池盒（附開關和導線）
- ❏ 4個可裝2顆3號電池的電池盒（附開關）
- ❏ 1個可裝2顆4號電池的電池盒（附開關）
- ❏ 3個9伏特電池釦
- ❏ 3個3伏特的CR2032鈕釦電池
- ❏ 5片小太陽能板，額定功率0.5伏特、800毫安以上

電子元件

- ❑ 2個170孔的小型**麵包板**
- ❑ 1個1**微法拉**的電容器
- ❑ 1個100微法拉的**電容器**
- ❑ 3個Elenco二合一**齒輪箱**組
- ❑ 1個高速齒輪箱
- ❑ 1個低速齒輪箱
- ❑ 1個光敏電阻器
- ❑ 3個150**歐姆**的電阻器
- ❑ 1個470歐姆的**電阻器**
- ❑ 1個1000歐姆的電阻器
- ❑ 1個100萬歐姆的電阻器
- ❑ 1個回彈式按鈕開關
- ❑ 1個小型揚聲器（附導線）
- ❑ 1個555計時器積體電路

現成物件

- ❑ 1個塑膠瓶（瓶蓋上要有淺淺的凹洞）
- ❑ 1個配重物（例如小掛鎖）
- ❑ 1個硬紙筒
- ❑ 1片正方形的厚紙板，尺寸要比碗稍大一點
- ❑ 1個小型美式外帶餐盒
- ❑ 1小塊貼著鋁箔紙的圓形厚紙板（可以用紙餐盤等素材製作）
- ❑ 1個小型圓蓋
- ❑ 1個470毫升的塑膠罐（清空並洗乾淨）
- ❑ 1個小的紙碗或保麗龍碗

❏ 2個披薩救星三角架

❏ 2條橡皮筋

❏ 2到4個塑膠醬料盒（可以從附近的餐廳取得）

❏ 2個彈簧

❏ 1個附蓋子的方形小金屬罐

❏ 2小片正方形保麗龍

❏ 1個鐵絲衣架

五金材料

❏ 2個背膠泡棉墊圈

❏ 背膠磁條

❏ 1個滾珠軸承（可用其他圓形的小東西替代）

❏ 4個塑膠萬向滾珠輪

❏ 4個外徑0.65公分、長度7.5公分的螺栓

❏ 2個附墊圈和螺帽的小型螺栓

❏ 1盒小螺絲

❏ 1盒小型墊圈

❏ 12個小型**開口銷**

❏ 3個中型橡膠**墊片**（做為輪胎使用，尺寸要與小輪子相符）

❏ 64個小型橡膠O形環，內側**直徑**0.3公分（裝到木棍上要剛好密合）

❏ 1個附墊圈和螺帽的小型機械螺絲

❏ 1小片金屬底座

❏ 2個小型稀土釹磁鐵

❏ 1個防鬆螺帽（尺寸要和外徑0.65公分、長度7.5公分的螺栓相符）

❏ 7個一般螺帽（尺寸要和外徑0.65公分、長度7.5公分的螺栓相符）

❏ 2個小螺帽或小型防鬆螺帽

❏ 4個環狀端子

燈具

❏ 7個1.5伏特的迷你燈泡
❏ 7個迷你塑膠燈座
❏ 4個LED

馬達

❏ 3個雙軸齒輪馬達
❏ 1個**低電壓、低電流**的DC馬達（附導線）
❏ 2個扁平式振動馬達
❏ 1個大型振動馬達

玩具零件

❏ 1艘玩具船
❏ 2個**螺旋槳**（尺寸要和低電壓、低電流的馬達相符）
❏ 1個機器人或太空人造型的小公仔（高約4公分，例如樂高小人偶）
❏ 3個輪子（建議準備兩個和低速齒輪箱尺寸相符的輪子，以及一個和
　高速齒輪箱尺寸相符的輪子）
❏ 2個輪子（可安裝在雙軸齒輪馬達的橢圓形轉軸上）
❏ 2個有輻條的小型塑膠輪子
❏ 2個薄型塑膠輪子

電線

❏ 12條跳線（只要是短的單芯硬銅線即可）
❏ 2條15公分的單芯硬銅線
❏ 1條15公分的黑色電線（剝除兩端的絕緣皮）
❏ 1條15公分的紅色電線（剝除兩端的絕緣皮）
❏ 單芯硬銅線

第3章

家用機器人

○4 製作並聯電路

　　並聯電路是將電子元件平行相連的電路；所謂的平行，是指兩條線永遠不會相交，像火車軌道一樣。想像把一條軌道連到電池的正極，另一條軌道連接負極，然後將一顆燈泡各與這兩個軌道的一條鋼軌相連，燈泡就會亮起來。接著，再用另一顆燈泡與兩個軌道的另一條鋼軌相連，會發生什麼事？現在我們就製作**並聯電路**來找出答案吧！

○所需時間：10分鐘

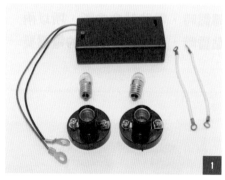

⚠ 警告：拆下燈泡時要小心，燈泡長時間亮著時，可能會變燙。

🔧材料：

➔ 1個可裝2顆3號電池的電池盒（附開關和導線）

➔ 2個環狀端子

➔ 2個迷你塑膠燈座

➔ 2個1.5伏特的迷你燈泡

➔ 2條跳線

➔ 2顆3號電池

➔ 螺絲起子

第3章

家用機器人

「如果能有一個機器人幫你處理日常生活中的事情，你想要什麼樣的機器人？」被問到這個問題時，小朋友最常說出的答案就是：「我想要能幫我做功課的機器人！」雖然不想戳破你的美夢，但如果所有功課都叫機器人幫你完成，那你就沒辦法變成機器人高手了。機器人學這門科學令人著迷的原因之一，就是可以挑戰我們跳脫框架和解決難題的能力。對於「想要什麼樣的機器人？」這個問題，第二常見的答案就是：「可以幫我打掃房間的機器人！」這個我們就可以來動手做做看！

其實，歷史上有很多天才會請別人來幫他們打掃善後，讓他們可以專心處理天才要做的事情。畢竟在忙著思考宇宙黑洞之謎的時候，誰有時間去管凌亂房間裡的黑洞呢？不過，請人打掃就要付錢（如果是要兄弟姊妹幫忙，可能就得跟他們談交換條件）。幸好，機器人學不斷在發展進步，讓我們的生活變得更輕鬆。像掃地機器人就是一個例子，它是圓盤狀的真空吸塵器，可以靠智慧感測器自動打掃房間；還有割草機，三兩下就能幫你把草坪割得乾乾淨淨。

除了打掃清潔之外，家用機器人還有很多其他用途。有些可以擔任你的個人助理，根據你的喜好為你推薦及播放娛樂內容，還能和你作伴。甚至有個叫做「吉寶」（Jibo）的機器人，號稱能促進家庭成員之間的交流；這款小機器人長得有點像電影《瓦力》裡面的主角，它可以向所有跟它互動的人學習，記住對方說了什麼話。所以，如果你在早餐時忙著趕作業，沒注意媽媽當時說這週末要做什麼，只要再問吉寶就可以了。

雖然高科技機器人在生活中已經變得很常見，但能幫忙處理日常雜務的機器人，或許才是最有影響力的。它們可以為我們省下處理無聊瑣事或耗時工作的時間，讓我們能從事更有意義、更有樂趣的活動。當然，有些工作特別討厭。但無論是清掃房間、修剪草坪，還是把燈打開這樣的小動作，這些看似簡單卻瑣碎的事情，累積下來就會占用你很多空閒時間。如果有機器人幫忙，你就可以把多出來的時間拿來做別的事

情，像是製作更多的機器人！

　　接下來我們將會學習機器人的基本知識，了解它們的動力從何而來。在本章結尾，我們會運用這些知識（和做好的零件）製作一盞很酷的機器人夜燈，可以讓你放在家中任何地方。

01 製作簡易電路

　　在開始製作機器人之前，我們得先了解機器人的動力是怎麼來的。大部分的機器人都是靠電力運作，電力會透過電子迴路（又稱電路）流入機器人的馬達、燈泡或大腦。不過，什麼是電路呢？電路的英文是「circuit」，想想看，有什麼單字跟這個字的發音（還有拼法）都很相似？如果你想到的是「circle」（圓圈），那就表示你想對方向了，電路就像是電力的圓圈或迴圈。所有電池都有兩個電極，也就是用來連接的端點，上面通常會有正號（＋）或負號（－），並標出是正極還是負極。想用電池供電的話，必須將你要接電的東西接上電池的兩端，也就是正負兩極。在這個製作提案中，我們會製作一個非常簡單的電路，並且用這個電路讓燈泡亮起來。

⏱**所需時間：**5分鐘

🔧**材料：**

- ❥ 1個可裝2顆3號電池的電池盒（附開關和導線）
- ❥ 2顆3號電池
- ❥ 1個迷你塑膠燈座
- ❥ 1個1.5伏特的迷你燈泡
- ❥ 小型螺絲起子
- ❥ 剝線工具或剪線鉗

❗ 警告：這個活動不一定要用到剪線鉗或剝線工具，如果露出來的金屬絲長度夠用，就不用另外處理。假如你需要讓露出來的金屬絲更長，請找大人幫忙，因為剪線鉗／剝線工具可能很銳利。

1. 請先確認電池盒的接線已露出1.5公分左右的金屬絲。如果需要剝除電線外皮，讓金屬絲露出更多時，請找大人幫忙，因為剪線鉗／剝線工具可能很銳利。電線包含兩個部分：一部分是導體，用金屬製成；另一部分是絕緣體，也就是包住金屬絲的塑膠外皮。導體可讓電流通過，絕緣體則可保護導體，讓你觸摸電線時不用擔心會觸電。在這本書的所有活動中，電壓和電流都很低，因此你應該沒有觸電的危險。電線這樣設計是為了保護我們，以防意外發生。絕緣體有很多種顏色，可以讓我們用來分辨每條電線的用途。在連接電池的時候，通常會用紅色電線接上正極（＋），黑色電線接上負極（－）。

2. 將迷你塑膠燈座上的兩顆螺絲輕輕轉鬆，然後看一下燈座上的螺絲端子。在我們用來示範的燈座上面，有一個端子是方形，代表正極（＋），另一個端子則是圓形，代表負極（－）。如果你的燈座長得和照片中不一樣，與燈座螺旋處側邊相接的是負極，那與燈泡底部和燈座中心相接的就是正極。而用紅色電線露出的金屬絲纏繞方形端子上的螺絲，然後將螺絲轉緊，固定住紅色電線。

3. 用黑色電線的金屬絲纏繞圓形端子上的螺絲，再將螺絲轉緊，固定住黑色電線。

4. 將迷你燈泡旋入燈座中，然後打開電池盒的開關，燈泡就會亮起來。恭喜你成功做出第一個電路！

接下頁 ➡

電池盒會將電荷送入燈泡的燈絲中，讓燈絲加熱，燈泡就會發亮。電荷讓燈泡亮起來之後，就會失去能量，必須回到電池中才能再獲得能量。電池對於電荷來說，就像購物中心的手扶梯一樣，可以讓能量低的電荷回到能量高的地方。

STEAM優勢： 電子迴路是一種很簡單的科技，學會電路的基本知識，就是跨入電子工程科學的第一步喔！

02 製作LED可拋式小燈

　　做好簡易電路之後，接著我們就來做一個更加簡單，並能作為藝術裝飾的東西。LED是發光二極體的簡稱，這是最早發明的一種半導體。二極體就像是電流的單行道，當電流通過時，LED會釋放出光子，也就是光的粒子。如果你的LED「接錯邊」，電流就無法通過。你可以自己試試看！

　　我們在第一個製作提案中用的普通燈泡，是藉由加熱燈絲來發光。LED發光的原理，則是讓電子在半導體中以某種方式重新結合；電子是原子當中的一種粒子，而原子就是構成所有物質的基礎。LED不需要靠熱能發光，所以比傳統燈泡省電。很多新型的燈泡、電視螢幕和戶外大螢幕都是使用LED。現在，我們就來動手製作帶有磁性的LED小燈，變成裝飾中的小亮點！

⏱**所需時間**：5分鐘

🔧**材料：**

➲ 1個3伏特的CR2032鈕釦電池
➲ 1個LED
➲ 1個小型稀土釹磁鐵
➲ 透明膠帶

❗ 警告：千萬別把磁鐵或電池放到嘴巴裡，就算只放一下子也不行，因為你可能會不小心吞下去。電池內含有毒物質，而如果誤吞磁鐵，可能會讓磁體在腸壁上互相吸附，導致內臟嚴重受損。此外，也不要拿磁鐵靠近電視、電腦、電話和平板螢幕，因為磁鐵會損壞螢幕。

接下頁 ➡

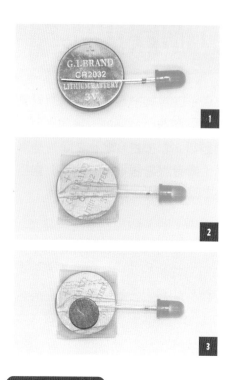

1. 將鈕釦電池放在LED的兩個接腳之間。鈕釦電池平滑的那一面是正極（＋），要和比較長的那個LED接腳接觸。接好之後，LED就會亮起來。

2. 用膠帶貼起來，讓LED的接腳緊貼在電池上。

3. 在電池的兩面裝上磁鐵。

4. 找出可讓磁鐵吸附的表面，但必須是你碰得到的地方。你可以製作很多LED可拋式小燈，只要有**強磁性**的表面讓磁鐵吸住，你就能用來裝飾房間。

科學原理解說

在LED的塑膠燈泡中，兩個接腳會分別連接到兩種不同的材質，電流會從其中一種材質流向另外一種，並且釋放出光子。電流無法以相反的方向流動，因為LED是有**極性**的，意思就是電流只能從一種方向通過。

STEAM優勢：之所以叫LED「可拋式」小燈，是因為可以把小燈丟向鋼鐵材質的物體，強力磁鐵就會吸在上面。有時藝術家會用它們來裝飾老舊生鏽的金屬物，像是生鏽的車子和冰箱等，讓這些不起眼的東西搖身一變，營造出豐富多彩的有趣景象。當你到處找地方吸附磁鐵，測試各種不同的表面時，就是一種科學實驗。LED是最早問世的一種半導體，而半導體是相當先進的科技。

03 製作串聯電路

電路主要分成兩種，分別是串聯電路和並聯電路。現在，我們就先來認識什麼是**串聯電路**。在串聯電路中，元件與元件是以正極（＋）對負極（－）互相連接，一個接一個，最後接回電池上，電池之間也是用串聯的方式連接。當電池串聯時，電壓（或者說每個電荷的能量）會相加在一起。接下來，我們就來嘗試製作串聯電路吧！

⏱ 所需時間：10分鐘

🔧 材料：

❥ 1個可裝2顆3號電池的電池盒（附開關和導線）
❥ 2個環狀端子
❥ 2個迷你塑膠燈座
❥ 2個1.5伏特的迷你燈泡
❥ 1條跳線
❥ 2顆3號電池
❥ 螺絲起子

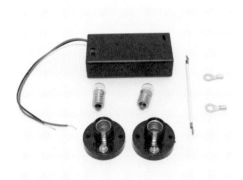

⚠ 警告：拆下燈泡時要小心，如果燈泡長時間亮著，可能會變燙。壓接電線時，請找大人幫忙，因為電線的末端很銳利，不小心的話很容易割傷手。

接下頁 ➡

1. 看一下迷你塑膠燈座上的螺絲端子。在我們用來示範的燈座上面，有一個端子是方形，代表正極（＋），另一個端子則是圓形，代表負極（－）。如果你的燈座長得和照片中不一樣，那與燈座螺旋處側邊相接的就是負極，與燈泡底部和燈座中心相接的則是正極。用跳線將一個燈座的正極與另一個燈座的負極連接起來；如果你沒有兩端附環狀端子的跳線，可以使用一般的電線，並將金屬絲纏繞在螺絲上。

2. 找大人幫你將環狀端子壓接到電池導線的末端。將電池的黑色電線連接到燈座上還沒用到的那個負極（圓形）端子，然後將紅色電線連接到燈座上的正極（方形）端子。接著將3號電池裝好；請注意，電池上扁平的那一端要碰到電池盒裡的大彈簧。

3. 把兩顆燈泡裝上去，它們就會亮起來。你覺得這兩顆燈泡亮不亮？如果把其中一顆轉鬆，會發生什麼事？

STEAM優勢：製作串聯電路需要了解其中的原理和運作方式，而這就是科學的基礎。燈泡是最早普及的一種電子科技，如今已經是日常生活中不可或缺的東西。

04 製作並聯電路

　　並聯電路是將電子元件平行相連的電路；所謂的平行，是指兩條線永遠不會相交，像火車軌道一樣。想像把一條軌道連到電池的正極，另一條軌道連接負極，然後將一顆燈泡各與這兩個軌道的一條鋼軌相連，燈泡就會亮起來。接著，再用另一顆燈泡與兩個軌道的另一條鋼軌相連，會發生什麼事？現在我們就製作**並聯電路**來找出答案吧！

⏱所需時間：10分鐘

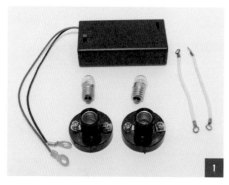

❗ 警告：拆下燈泡時要小心，燈泡長時間亮著時，可能會變燙。

🔧材料：

- ❷ 1個可裝2顆3號電池的電池盒（附開關和導線）
- ❷ 2個環狀端子
- ❷ 2個迷你塑膠燈座
- ❷ 2個1.5伏特的迷你燈泡
- ❷ 2條跳線
- ❷ 2顆3號電池
- ❷ 螺絲起子

步驟：

1. 請大人幫忙，將環狀端子壓接
   到電池導線的末端（或是直接
   使用前一個製作提案中已接好
   環狀端子的電池盒，請參閱第
   32頁的圖2）。

2. 看一下迷你塑膠燈座上的螺絲
   端子。其中一個是方形，代表
   正極（＋）；另一個則是圓
   形，代表負極（－）。將跳線
   以及電池的紅色導線連接到一
   個燈座的正極（方形）端子。

3. 將跳線以及電池的黑色導線連
   接到同一個燈座的負極（圓
   形）端子。

4. 將負極那端的跳線連接到第二
   個燈座的負極。接著，將正極
   那端的跳線連接到第二個燈座
   的正極。

接下頁 ➡

5. 把兩顆燈泡裝上去，它們就會亮起來。你覺得這兩顆燈泡亮不亮？如果把其中一顆轉鬆，會發生什麼事？

科學原理解說

在這個並聯電路中，電流會分別通過兩顆燈泡，再回到電池裡。當你將一顆燈泡轉鬆時，另一顆燈泡仍然與電池相連。你可以像這樣加裝好幾個燈泡，每顆燈泡都會一樣亮。這些燈泡之所以很亮，是因為它們都從電池盒獲得完整的電壓。

STEAM優勢：製作並聯電路需要了解其中的原理和運作方式，而這就是科學的基礎。想想看，如果沒有像燈泡這樣簡單卻重要的發明，我們的世界跟現在會有多大的不同？

05 製作機器人造型夜燈

　　現在，我們要用前面做出來的電路，為夜燈提供電力。這盞夜燈的外形就像機器人，但你不用做得跟書中示範的一模一樣，你可以自己設計或規畫夜燈的細節。這裡要用到**並聯電路**，燈泡會比較亮，房間才不會太暗，但如果你想使用串聯電路也是可以的。

🕐 **所需時間**：45分鐘

❗警告：在金屬罐上鑽洞時務必小心，因為可能會有銳利的金屬碎片，容易割傷。切割或鑽洞時，請找大人協助你。使用熱熔膠槍時也必須格外留意，因為有可能會被燙到，請在大人陪同下進行。

🔧 **材料：**

➡ 1個並聯電路（先前完成的電路，包括電池盒、跳線、燈座和燈泡）

➡ 1個小型美式外帶餐盒（用來製作「頭部」）

➡ 1個附蓋子的方形小金屬罐（用來製作「身體」）

➡ 1個附墊圈和螺帽的小型機械螺絲

➡ 2個背膠泡棉墊圈

➡ 2個外徑約0.65公分、長度約7.5公分的螺栓（用來製作「腳」）

➡ 2條15公分的單芯硬銅線

➡ 2個鱷魚夾

➡ 筆刀

➡ 螺絲起子

➡ 雙面膠，或是熱熔膠槍和熱熔膠條

接下頁 ➡

步驟：

第1部分：製作頭部

1. 拆下所有燈泡，將燈座底部朝上，放在小型美式外帶餐盒要當成「臉」的那一面。依照燈座上圓筒的大小，在餐盒上描出可以讓圓筒穿過的小圓圈。如果你有把握能使用筆刀，就用筆刀將剛才描的圓圈裁下來；如果你不太會使用，請找大人幫忙。此外，餐盒底部也要鑽一個能讓小螺絲通過的小孔，你可以請大人幫忙鑽孔。

2. 在金屬罐的蓋子上鑽一個小洞，或是請大人幫忙鑽孔。將小型機械螺絲放入餐盒裡面，從內側穿過底部的孔洞，讓螺絲的尖端從機器人頭部下方露出來。接著將螺絲穿過蓋子上

的小洞，然後用螺帽鎖緊，把蓋子與頭部固定在一起。

3. 拿出先前接好的電路，將燈座部分放到頭部裡面，然後將燈泡和燈座圓筒處塞進眼睛部位的圓孔。小心不要弄壞電池盒的導線。拆下燈泡，然後用背膠泡棉墊圈將燈座圓筒固定住。如果找不到背膠泡棉墊圈，可以塗上一些熱熔膠，或是自己發揮創意。固定好之後，把兩顆燈泡裝上去。

4. 小心的把外帶餐盒（也就是「頭部」）的上蓋關起來，電池導線要留在餐盒外面。使用雙面膠或熱熔膠，將電池盒的底部黏在頭頂，**記得開關一定要在上面**。

接下頁 ➡

第2部分：製作身體

5. 在金屬罐其中一個側面的左上角鑽一個小孔，用來裝硬銅線做的手臂。在下方中間的位置鑽一個比較大的洞，用來裝螺栓做的腳。如果你的金屬罐很厚，可能會很難打洞，你可以請大人幫忙，不要怕開口求助。接著，將金屬罐往右轉（讓旁邊那一面正對你），在右上角鑽一個小孔，用來裝硬銅線做的手臂，然後在底下中間的位置鑽一個比較大的洞，用來裝螺栓做的腳；這些動作都可以請大人幫你完成。

6. 將兩個鱷魚夾分別壓接到一條硬銅線上，做成手臂。把兩條硬銅線分別插入金屬罐兩側的小孔，然後扭轉在一起。你也可以在裡面塗上一些熱熔膠來固定手臂，不過孔洞內側的邊緣可能很銳利，請小心不要被割傷。

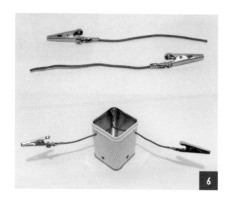

7. 將螺栓插進洞裡當成腳，並塗上一些熱熔膠來固定。

8. 把頭部接上去，然後打開開關，你的機器人夜燈就可以在黑暗中保護你了。

9. 發揮創意，幫它增添一些特色。你可以畫件衣服上去，也可以自己做一件給它。或者是幫它加個笑容，你覺得如何？

科學原理解說

當你打開開關時，這部「機器人」的眼睛就會亮起來。這個設計是以上一個製作為基礎，為你先前做好的簡單燈組加上「機器人」的身體。鱷魚夾手臂可以用來夾住照片、便條，或是你希望在黑暗中也能看清楚的其他東西，讓這盞夜燈更實用。

STEAM優勢：製作並聯電路需要了解其中的原理和運作方式，而這就是科學的基礎。想想看，如果沒有像燈泡這樣簡單卻重要的發明，我們的世界跟現在會有多大的不同？

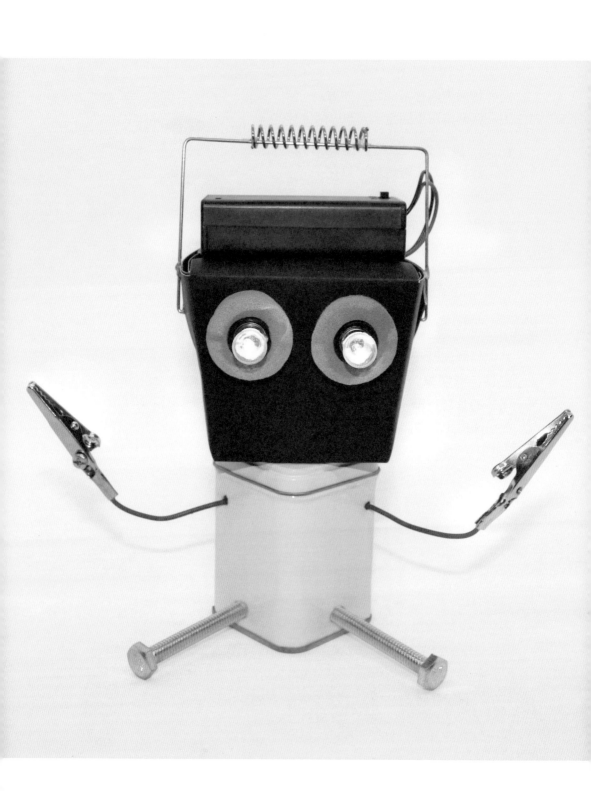

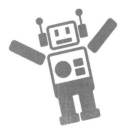

第4章

娛樂用機器人

古文明時期的人類雖然夢想擁有機器人，但他們沒有電力或電腦這樣的科技。不過，他們製造出帶有齒輪、槓桿和滑輪的機器，讓這些東西看起來就像會自己運作一樣。當時人們會製作外觀像人類或動物的機器，作為娛樂用題，這些機器被稱為自動機。自動機可以做各種事情，有些會寫字或畫圖，有些則會唱歌或演奏音樂。雖然這些機器人看起來好像是自己在動，但它們其實只會重複相同的動作。

　　雖然自動機多半是為了娛樂而製造，但製作這些東西的過程讓發明家可以進行很多實驗，探究與物體動作有關的各種科技領域，例如機動學、流體力學和空氣力學等。有一些非常實用的自動機，就是來自這些為了消遣時所做的實驗，像是咕咕鐘和希羅引擎（希羅引擎是一種沒有扇葉的蒸汽渦輪機，當中間容器裡的水被加熱時就會轉動起來）。此外還有很多歷史上偉大的發明，都是因為有人願意運用當時所擁有的知識，以新穎有趣的方式進行實驗，才有機會問世。

　　在這一章中，為了紀念最早的自動機，我們會製作一些具有娛樂功能的「機器人」，希望你也能在製作的過程中發現許多樂趣。我們要來做會畫圖的機器人、會跳舞的機器人，還有會跳來跳去、很難抓住的青蛙造型機器人。

　　在進行這些製作提案時，你可以仔細想想我們在前面章節中討論到的問題：真正的機器人與單純的機器有什麼差別？雖然你可能會覺得，我們做的某些「機器人」無法根據不同環境的輸入資訊思考要做出什麼反應，但請你記得這一點：科學的基礎，就是科學本身。在機器人問世之前，人類先發明出來的是自動機。我們再看看早期的電腦，不但體積龐大，而且和現在的電腦相比，功能非常有限。但有了這些重要的基石，我們現在才得以製造出高科技的機器人，就像你一開始做的簡單燈泡電路，後來成了機器人造型夜燈的基礎。

　　雖然我們在這一章和其他章節中要製作的「機器人」沒有很複雜，但世界上有許多精密又聰明的機器人，能以充滿共鳴和情感的方式與人

類互動、作伴及聊天，它們可以帶來樂趣，讓我們的生活變得更美好。如果你現在學會如何製作簡單的娛樂用「機器人」，以後或許就能運用這些技術，做出更厲害的機器人！

06 製作單極馬達

　　在開始製作會動的機器人之前，我們得先知道機器人是如何運作的。大部分的機器人，都是靠電動馬達運作。在這個單元，我們就要來自己製作馬達。1821年，麥可・法拉第做出了世界上第一個電動馬達。他使用的材料是一顆電池、一塊磁鐵、電線，還有水銀。但我們不會用到水銀，因為水銀是一種有毒物質（而且很貴！）。

　　我們只要用一顆電池、一塊磁鐵和電線，同樣能做出馬達。後面其他製作提案要使用的馬達會更複雜一點，但原理是相同的。當電流通過電線時，會產生磁場。這時，如果拿**永久磁鐵**去靠近電線，就會和磁場互斥，推擠磁場，使得電線動起來。像這種以**直流電**驅動，並產生持續旋轉動作的馬達，我們稱為**單極馬達**。現在就來動手做做看吧！

🕐**所需時間**：15分鐘

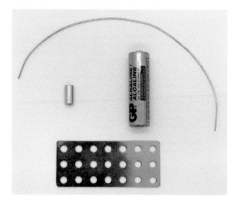

🔧**材料**：

➔ 1顆3號電池

➔ 1個小型稀土釹磁鐵

➔ 1條單芯硬銅線（長度至少30公分，外層的絕緣材料要剝掉）

➔ 1小片金屬底座

➔ 鎚子

➔ 十字螺絲起子、滾珠軸承或其他圓形的小東西

❗ 警告：馬達如果運轉太久，電線和電池會發燙。此外，活動中需要用到鎚子時，請找大人協助。

1. 拿起小型滾珠軸承或十字螺絲
   起子，放在電池的正極（＋）
   上面，也就是凸起的那一端。
   使用槌子在上面輕敲，力道要
   非常輕，要敲到上面出現小小
   的凹痕為止，這個凹痕要用來
   固定電線的位置。

2. 將硬銅線折成「M」字形，大
   小要跟電池差不多。硬銅線的
   底端要折成能碰到磁鐵或電池
   的底部（也就是負極）。

3. 將磁鐵直立，並放在金屬底座
   上面。

4. 將電池立在磁鐵上方，電池扁
   平端的負極（－）朝下與磁鐵
   接觸，正極（＋）朝上。

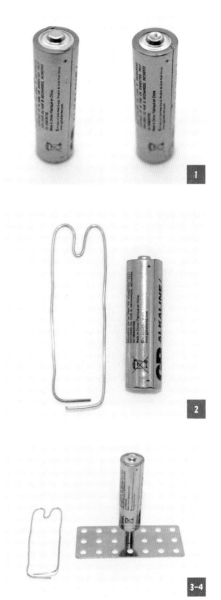

接下頁 ➡

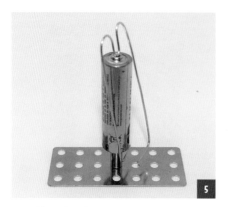

5. 將硬銅線下凹的部分（就是「M」字中間的地方）放在電池正極（＋）端的凹痕上，硬銅線就會立在電池上面。

6. 將「M」字形硬銅線的兩隻「腳」分別放到磁鐵的兩側，硬銅線就會開始旋轉。

科學原理解說

當電流通過電線時，會產生磁場。這時，如果拿永久磁鐵靠近電線，會和磁場互斥，推擠磁場，因而讓電線旋轉起來。

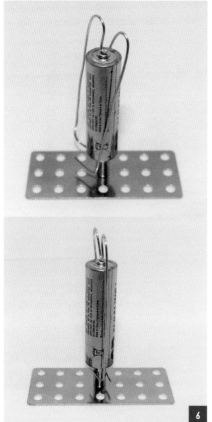

STEAM優勢： 利用電和磁鐵的特性讓電線旋轉，是科學觀念的應用。馬達是一種科技產品，將硬銅線折彎成適當的形狀則需要用到工程知識。

07 製作塗鴉機器人

收到外送披薩時，你有沒有注意到，披薩中間都有一個小小的塑膠三角架？這個小東西叫做**披薩救星**，用來防止紙盒的上蓋沾到披薩上融化的起司，這樣你享用披薩時，才不會連盒子一起吃下去。在製作塗鴉機器人時，我們會拿披薩救星這個「現成物件」來當作機器人的基底。以不同的方式重新利用常見的家庭用品或是被丟棄的物品，對於創作藝術和製作機器人都是很棒的做法，而這類物品就稱為**現成物件**。發揮創意、替被當成垃圾的東西找到新用途，是機器人創客的重要技能。所謂的塗鴉機器人，就是可以幫你塗鴉畫畫的機器人。但它會畫出什麼呢？這就要等你把它做出來才知道了！

🕐 **所需時間：**30分鐘

🔧 材料：

➔ 1個披薩救星三角架

➔ 2個3伏特的CR2032鈕釦電池

➔ 1個扁平式振動馬達

➔ 2片雙面點膠

➔ 3支小麥克筆

➔ 1個活動眼睛

➔ 透明膠帶或電氣絕緣膠帶

❗ 警告：扁平式振動馬達的電線可能只會露出一點點金屬絲，但為了達到最好的效果，露出的金屬絲長度大概需要0.5到1.5公分左右。如果需要的話，請用筆刀小心的割掉塑膠絕緣體，過程中務必注意安全，或是請大人幫忙。因為金屬絲很細又很脆弱，也要小心不要割傷。

接下頁 ➡

1. 把扁平式振動馬達的貼紙背紙撕掉，將馬達有黏性的那一面朝下，放在披薩救星三角架的上面。位置不一定要在正中間，你可以試著黏偏一點，看看結果會怎麼樣。

2. 在扁平式馬達上面黏一片點膠，然後把黑色電線折過來，讓金屬絲的末端稍微碰到點膠即可。

3. 將兩個CR2032電池疊在一起，正極（＋）都要朝上，然後用膠帶把它們緊緊黏在一起，使用透明膠帶或電氣絕緣膠帶都可以。

4. 將這組電池的負極（－）朝
   下，也就是有顆粒的那一面要
   在下面，然後將電池放在點膠
   上，並確認電池的負極（－）
   有碰到馬達電線的金屬絲末
   端。把紅色電線折到電池上
   方，確定它碰得到電池的正極
   （＋）。這時你會聽到一陣嗡
   嗡聲。

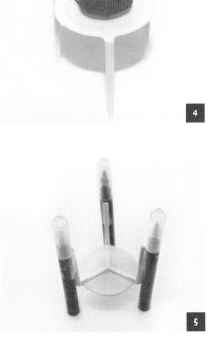

5. 將塗鴉機器人倒過來，在三角
   架的每隻腳上用膠帶各黏一支
   彩色筆，腳的尖端要跟彩色筆
   的蓋子邊緣對齊。

6. 將塗鴉機器人翻回正面，然後
   在活動眼睛背面貼一片點膠，
   再用點膠的另一面把紅色電線
   黏到電池的正極（＋）上，你
   就會聽到它發出嗡嗡的聲音。
   拔掉麥克筆的蓋子，然後把塗
   鴉機器人放在紙上，它就會開
   始旋轉，畫出有趣的圖畫。

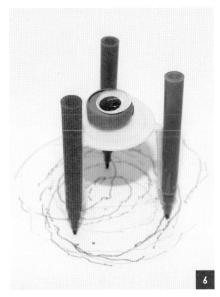

馬達是塗鴉機器人的動力來源，讓它能自己動起來。塗鴉機器人移動的方式，和披薩救星上的馬達位置有很大的關係。你只要拔掉彩虹筆的蓋子，讓塗鴉機器人自由移動，最後就會得到一幅有趣的線條畫。不過，一定要讓塗鴉機器人在紙上畫畫，可別讓它跑到廚房的檯面上亂塗，這樣的「藝術」會帶來困擾喔！

STEAM優勢：創造出像這樣有腳可以移動、又能畫畫的結構體，就是工程的領域。將馬達與電池連接在一起是科技，做出來的塗鴉機器人則可以用來創造藝術。此外，你還可以發揮科學的實驗精神，調整馬達在披薩救星上面的位置，看看不同位置畫出來的塗鴉有什麼不一樣喔！

製作太陽能跳舞機器人

前面做的塗鴉機器人可以創造視覺藝術，也就是靜態藝術。我們現在要製作的機器人則可以創造機動藝術，也就是動態藝術。跳舞是很有趣的運動，也是藝術的一種形式，可以藉由舞蹈動作述說故事。只要將各種會動的東西結合在這個機器人身上，你就可以讓它透過動作說出有趣的故事。

這個機器人是用小型的太陽能板作為動力來源，太陽能板可以將光轉變成電力。我們用來示範的太陽能板附有彈簧，可以用來連接馬達的電線；如果你找不到這樣的太陽能板也沒關係，只要用小片的太陽能板即可，越小越好。這個機器人在陽光下效果最好，但很亮的燈光也可以讓它動起來。你可以在戶外試試看，然後再回家測試在燈光下的效果。

⏱ **所需時間：**30分鐘

🔧 材料：

➔ 1片小太陽能板，額定功率0.5伏特、800毫安以上
➔ 1個扁平式振動馬達
➔ 1個披薩救星三角架
➔ 2個活動眼睛
➔ 2個彈簧
➔ 雙面膠或點膠
➔ 其他會晃動的裝飾品（可省略）

接下頁 ➡

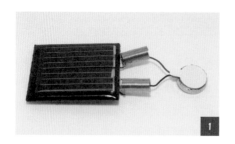

警告：扁平式振動馬達的電線可能只會露出一點點金屬絲，為了達到最好的效果，露出的金屬絲長度大概需要0.5到1.5公分左右。如果需要的話，請用筆刀小心的割掉塑膠絕緣體，過程中務必注意安全，或是請大人幫忙。因為金屬絲很細又很脆弱，使用筆刀時可能會割到自己。

步驟：

1. 將扁平式振動馬達的導線（也就是電線）連接到太陽能板上。如果你的太陽能板附有彈簧，請拉開彈簧，把電線從中間插進去，然後放開彈簧，讓它夾住電線。如果你的太陽能板附有電線，只要將它和馬達導線的金屬絲扭轉在一起就可以了。

2. 使用雙面膠（或點膠），將馬達頂部和太陽能板的底部黏在一起。

3. 把扁平式振動馬達的貼紙背紙
撕掉，露出有黏性的那一面，
然後把馬達和太陽能板一起黏
到披薩救星三角架上面。接下
來，你可以用活動眼睛、彈簧
和其他會晃動的東西，裝飾你
的跳舞機器人。完成後，把機
器人拿到陽光下（或是拿到明
亮的燈光下面），就能看見它
跳舞了。

科學原理解說

太陽能板可以將光轉變成電
力，這股電力可以讓小型振
動馬達運轉起來，上面的東
西就會隨之搖擺起舞。

STEAM優勢： 當你在各種不同的光源下測試機器人，研究哪些光源可以讓機器
人動起來時，就是在發揮科學實驗精神。此外，你還要用藝術美感裝飾機器人，
並運用工程概念來讓各種素材擺動起來。

製作會跳的青蛙機器人

　　不知道你有沒有嘗試過在小溪裡捉青蛙？我覺得捉青蛙應該要列入奧運項目才對。青蛙動作很快，身體滑溜溜的，還會跳來跳去，非常好玩。雖然捉青蛙時跑來跑去很有意思，但我們並不想害青蛙受傷，所以接下來我們要做出像青蛙一樣會跳的機器人，你可以和朋友一起追著它到處跑，試著抓住它！

🕐 **所需時間：**30分鐘

🔧 **材料：**

- ➔ 1個雙軸齒輪馬達
- ➔ 2個有輻條的小型塑膠輪子
- ➔ 1個9伏特電池釦
- ➔ 1顆9伏特電池
- ➔ 2根4公分的木棍，直徑0.3到0.5公分
- ➔ 2個活動眼睛
- ➔ 雙面泡棉膠帶
- ➔ 熱熔膠槍和熱熔膠條

❗ 警告：使用熱熔膠時一定要小心，因為溫度很高，可能會燙傷，要使用時請找大人幫忙。熱熔膠還沒完全冷卻的時候，不要用手觸碰。

🤖 步驟：

第1部分：裝上輪子

1. 把輪子翻到背面，然後將馬達的轉軸從輻條之間穿過去。我們用來示範的輪子有輻條，可以牢牢卡住齒輪馬達的轉軸；如果你找不到這樣的輪子也沒關係，最重要的是裝輪子的時候**要偏離中心**，只要你的輪子能這樣安裝就行了。

2. 將第二個輪子裝到另一個轉軸上，兩個輪子要同樣偏離中心，並且互相對齊。

3. 在馬達轉軸上面塗一些熱熔膠，黏住輪子，然後把另一邊的輪子也黏好。注意不要讓熱熔膠把轉軸跟馬達的齒輪箱黏在一起。

接下頁 ➡

第2部分：測試馬達／調好方向

4. 將9伏特電池釦的電線接到馬達的正負極上。接電池的時候，要把齒輪馬達拿在手上，觀察輪子轉動的方向。**輪子應該要朝機器人往電線與馬達連接的方向前進**，如果輪子前進的方向相反了，請把馬達翻到另一面。

5. 沿著兩個輪子的外緣擠一段熱熔膠來增加牽引力，只要塗**半圈**就好，從齒輪箱轉軸最靠近邊緣的地方開始，往跟輪子轉向相反的方向上膠，這樣就能讓機器人跳起來。塗好之後，測試一下機器人。如果機器人跳不太起來，請把輪子上的熱熔膠去除，在另外半圈上面塗上熱熔膠。你可以實驗看看怎麼做效果最好。

第3部分：完成身體

6. 在齒輪箱上貼一段雙面泡棉膠帶，用來黏住電池。

7. 將電池黏在齒輪箱上面，電池的位置要盡量往前，越靠近電線越好。

8. 在馬達兩側用熱熔膠各黏一根木棍，要和齒輪箱**垂直**，也就是兩者之間呈現直角。

9. 將電池釦的其中一個端子接到9伏特電池上。當你準備好之後，把另一個端子也接到電池上，這樣機器人青蛙就會跳起來跑走了。可別忘了幫它加上眼睛喔！

8

科學原理解說

只要在輪子上面塗半圈熱熔膠，每當這半圈膠碰到地面的時候，機器人就會彈跳起來，另外半圈接觸地面時則會讓機器人往前跑。如果你把整圈輪子都塗上熱熔膠，機器人則會直接翻過來並往後滾。

9

STEAM優勢：研究輪子上的熱熔膠要怎麼塗，需要運用科學和工程概念，研究半圈輪子有多長則要用到數學。

第5章

太空機器人

想了解太空中發生的事情，機器人是不可或缺的工具。實際上，我們對太空所知的一切，有很多都來自機器人傳回地球的資訊和數據。還有不少太空探測器和人造衛星，也都屬於機器人。不過，為什麼我們送上太空的機器人比人類還要多？

1. 因為比較安全。太空是很難生存的環境，有些地方極度寒冷，有些地方又非常炎熱。太空中還有輻射，會危害人體。不過，經過特殊設計的機器人可以長時間承受太空的極端環境。相較之下，人類的身體脆弱多了。

2. 因為比較容易。人類要仰賴很多東西才能生存，我們需要呼吸氧氣、喝水、吃東西，還得要有地方上廁所。太空人生存所需的一切，都得要一起帶上太空。相對的，機器人只要有電力就能運作。比起在太空中建造供人吃飯、上廁所的地方，生產電力給機器人運作要來得容易多了。

3. 因為機器人可以在太空中存續更久。人類雖然能在太空居住一段時間，但終究得要返回地球，機器人則可以長期待在太空中。在太空停留過最久的人類是俄國太空人瓦列里·波利亞科夫，他創下連續437天的紀錄。但在1977年8月20日發射的太空探測器「航海家2號」，40多年來一直在太空中，而且至今還在持續傳送資料給NASA。

　　太空機器人有很多種類，不過用途都是在某些方面能助人類一臂之力。無論是要在外星偏遠崎嶇的地表上採集樣本、在人類難以到達的地方進行測量，還是維修及組裝設備，機器人都能使命必達。比如NASA的「好奇號」這類的遙控載具，可以到人類還無法登陸探索的星球（例如火星）探勘，再將照片和資料傳回來給我們。這些機器人傳回來的珍貴資料，可以讓我們用來評估其他星球是否適合人類居住。NASA遙控機械手臂系統是國際太空站的一部分，可以進行遠端組裝作業，也能定

位及固定結構。這種機器人非常重要，有了它們，太空人才有餘力進行重要的研究和實驗，而且它們可以代替人類執行有風險的工作。Robonaut是NASA製造的一款人形機器人，它在國際太空站上負責一些必要工作，好確保太空站能持續在軌道上運行。而國際太空站本身也算是一種太空機器人，因為它可以自己執行很多維持太空人生存環境所需的工作。

　　在這一章中，我們要來製作一些模仿太空船的機器人，甚至還會用到一些和太空機器人相同的零件，像是太陽能板和光線感測器。太空機器人不僅在太空中很實用，在地球上也有很多用途，因為它們可以到人類難以抵達的地方探索環境、拍照及蒐集土壤樣本。想想看，我們製作出來的機器人可以用什麼方式協助太空中的太空人呢？

製作太陽能繞軌平衡裝置

國際太空站是靠太陽能板將陽光轉換成電力，做為動力的來源，許多太空探測器、火星探測器以及衛星也是如此。所以在這個製作提案中，我們要用太陽能板直接讓馬達運轉。要注意的是，一定要使用低電壓、低電流的馬達。

接下來，我們要製作一個用太陽能驅動的太空船造型**平衡裝置**，可以在瓶子上面保持平衡並繞著瓶子轉。這艘太空船的外形是仿照俄國太空船「聯盟號」，一直到我寫這本書的時候，「聯盟號」都還是唯一能載太空人前往國際太空站的運輸工具。你也可以把這個機器人做成任何一艘你喜歡的太空船。

⏱所需時間：45分鐘

🔧材料：

- ➜ 2片小太陽能板，額定功率0.5伏特、800毫安以上
- ➜ 1個低電壓、低電流的附導線直流（DC）馬達
- ➜ 1個螺旋槳
- ➜ 1個硬紙筒
- ➜ 2或3個塑膠醬料盒（可以從附近的餐廳取得）
- ➜ 1小塊貼著鋁箔紙的圓形厚紙板（可以用紙餐盤等素材製作）
- ➜ 1個配重物（示範照片中是使用小掛鎖）
- ➜ 1到2捲鋁箔膠帶（裝飾用）

- 1個全長75公分的鐵絲衣架
- 1個塑膠瓶（瓶蓋上要有淺淺的凹洞）
- 1個機器人或太空人造型的小公仔（高約4公分，例如樂高小人偶）
- 熱熔膠槍和熱熔膠條
- 筆刀
- 麥克筆
- 剪刀
- 電氣絕緣膠帶
- 其他用來裝飾太空船的材料（可省略）

⚠ 警告：使用熱熔膠槍和筆刀時一定要小心，務必請大人幫忙。另外，要找到和馬達轉軸尺寸完全相符的螺旋槳可能不太容易，你可能需要用熱熔膠或膠帶來固定螺旋槳，而且要確定螺旋槳旋轉時能帶動馬達轉軸。

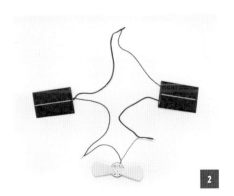

步驟：

第1部分：測試太陽能電路

1. 首先要確認太陽能板可以讓馬達和螺旋槳正常運轉。我們要將兩片太陽能板和馬達以串聯的方式連接起來，請先把其中一片太陽能板的紅色電線和另一片的黑色電線扭轉在一起。

2. 將剩下的兩條電線和馬達的導線扭轉在一起，紅色接黑色，黑色接紅色。然後，將螺旋槳（也就是風扇）裝到馬達的轉軸上。

3. 把這組電路拿到戶外陽光下測試看看，扇葉應該會旋轉起來。**一定要確認扇葉產生的風是往你的方向吹出來**；如果沒有，請將馬達導線連接的兩條太陽能板電線對調，扇葉就會往反方向旋轉。

接下頁 ➡

第2部分：製作太空船

4. 把機器人或太空人公仔放在其中一個醬料盒裡面，公仔要面朝醬料盒底，並用熱熔膠黏好固定。接著把兩個醬料盒的邊緣黏在一起，做成太空艙。

5. 用鋁箔膠帶把硬紙筒包起來，讓它看起來像是一艘太空船。硬紙筒的尾端要預留2.5公分左右的鋁箔膠帶，等一下要用來貼住馬達和螺旋槳。

6. 用熱熔膠或膠帶把太空艙固定在硬紙筒的前端。

第3部分：裝上太陽能板做的「翅膀」

7. 找出硬紙筒的水平中心線（可讓公仔直挺坐著或站著來協助判斷）。在靠近硬紙筒尾端的地方，沿著水平中心線畫出一條和太陽能板的短邊相同長度的線，然後在硬紙筒的另一側重複這個動作。接著，用筆刀在硬紙筒上沿著畫好的線割出一個長形開口。硬紙筒的兩側都要割出開口。

8. 將馬達的導線和太陽能板拆開，小心的把太陽能板的電線從開口穿進去，再從硬紙筒的尾端拉出來（一定要小心，不要弄斷電線）。

9. 在硬紙筒兩邊的開口各裝入一片太陽能板，要確認兩片太陽能板是以同一面朝上。如果太陽能板無法牢牢固定在硬紙筒上，你可以沿著開口塗上熱熔膠。接著，用剪刀在硬紙筒尾端預留的鋁箔膠帶上剪八刀，然後往外壓折，變成像花一樣的形狀。

接下頁 ➡

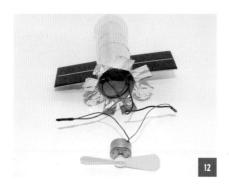

第4部分：接回電路

10. 將其中一片太陽能板的紅色電線和另一片的黑色電線扭轉在一起，然後用電氣絕緣膠帶把纏好的金屬絲包起來。

11. 將接好的電線塞進硬紙筒裡。

12. 將馬達導線和剩下的太陽能板電線接起來。要注意，所有電線的接法都要跟先前第1部分測試時一樣。

第5部分：安裝馬達

13. 在圓形紙板上，從邊緣往中心割出一條線，也就是沿著圓形的半徑切割。將馬達放在圓形紙板上，把馬達導線沿著切割處往中心推進去。

14. 將切割處的兩邊稍微重疊，讓圓形紙板變成圓錐形。用膠帶或熱熔膠把重疊的部分黏起來，固定住圓錐的形狀。

15. 將馬達放在圓錐的中心點，注意不要讓螺旋槳打到圓錐。接著，用熱熔膠將馬達黏在圓錐中心處。

16. 把馬達導線從硬紙筒的尾端塞進去，然後將圓錐和馬達安裝在硬紙筒的洞口。把預留的鋁箔膠帶往內折，貼在圓錐上加以固定。

17. 在太陽能板的背面貼一些膠帶，固定電線的位置。如果你有亮亮的金色膠帶，也可以貼上去，看起來會充滿酷炫的太空感。你也可以用其他東西裝飾太空船，像是貼紙、天線、衛星碟型天線等。

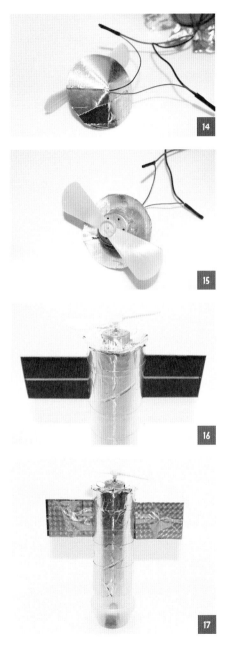

接下頁 ➡

第6部分：組裝平衡裝置

18. 將75公分的鐵絲衣架拉直，其中一端繞成一個小圓圈，另一端彎成L形，短邊長度大約13公分。

19. 用筆刀在太空船的頂部和底部各裁出一個小洞，位置要在太陽能板前面；如果你不太會使用筆刀，請大人來幫忙。

20. 用鐵絲彎成L形的部分，穿過太空船頂部的洞，從底部的洞口出來。穿過洞口之後，沿著太空船底部的中心線，將鐵絲末端大約2.5公分的部分折彎，然後用膠帶將鐵絲貼在太空船的底部。

21. 將小掛鎖掛到鐵絲另一端的小圓圈上（掛鎖或負重物最好能比太空船稍微重一點）。

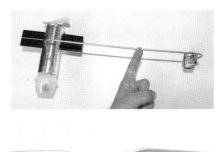

22. 用一根手指找出鐵絲的重心，讓鐵絲兩端可以保持平衡。用麥克筆在重心的位置上做記號，然後把中間的鐵絲折成有點像「V」字的形狀，重心要在V字的最中間。

22

23. 找一個瓶蓋上有淺淺凹洞的塑膠瓶。如果找不到，你可以用剪刀或筆刀在瓶蓋上壓出一個小凹洞，這樣就可以讓平衡裝置固定在瓶蓋中心點上。記得要在瓶中裝滿水，以免瓶子翻倒。接著將鐵絲V字中心處放在瓶蓋的凹洞上，讓平衡裝置在塑膠瓶上保持平衡。只要把整組平衡裝置放在陽光底下，它就會開始繞著軌道旋轉。

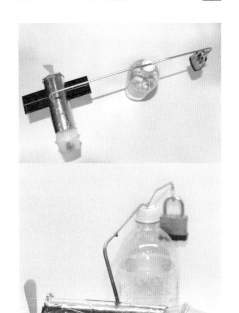

23

接下頁 ➡

太陽能板會將光子（也就是光的粒子）轉換成電力，成為馬達的動力來源。馬達會讓螺旋槳旋轉起來，將空氣往後吹送，就可以推動太空船前進了。

STEAM優勢：知名科學家阿爾伯特・愛因斯坦是最早提出解釋與說明如何將光轉換成電力的人。利用太陽能發電，是一種很重要的綠色能源科技。此外，你需要運用工程和數學概念找出平衡裝置的重心，把太陽能平衡裝置裝飾成太空船則要靠藝術美感。

製作PB-D2機器人

　　出現在電影《星際大戰》中的R2-D2，是電影界最受歡迎的機器人之一。在電影中，R2-D2是一種名為「droid」的機器人，這個名稱取自仿生機器人（android）。仿生機器人是指行為類似人類的機器人，R2-D2雖然外觀不像人類，但可以和人類交談、駭進太空站，還會惹它的朋友C-3PO生氣，這些都是人類會做的事情。

　　我們要做的機器人叫做PB-D2，看起來跟R2-D2很像，不過身體是用空的花生醬罐做的，花生醬英文（peanut butter）的縮寫就是PB。在製作前，一定要把罐子清洗乾淨，畢竟你應該不希望花生醬沾到電路上吧？做好之後，你還可以把它裝飾得就像是《星際大戰》裡的機器人，甚至可以用我們在前面教你做的LED可拋式小燈，讓它閃閃發光。

🕐 **所需時間：** 45分鐘

⚠️ 　警告：請找大人幫你在塑膠罐上切割孔洞，以免發生意外。罐子的底部通常會比側面厚，鑽洞時要特別注意。這次也需要用到熱熔膠，要避免燙傷；使用熱熔膠時，同樣可以請大人協助你。

🔧 **材料：**

➔ 1個470毫升的塑膠罐（要洗乾淨）

➔ 1個可裝2顆3號電池的電池盒（附開關和導線）

➔ 2顆3號電池　➔ 1個雙軸齒輪馬達

➔ 2個輪子（可安裝在齒輪馬達的橢圓形轉軸上）

➔ 2個薄型塑膠輪子（用於有平衡作用的後腳）

➔ 2個附墊圈和螺帽的小型螺栓（用於後輪的輪軸，建議使用

接下頁 ➡

防鬆螺帽）

- ⊙ 2支15公分的冰棒棍
- ⊙ 1個小型塑膠醬料盒（可省略）
- ⊙ 1個小型圓蓋　⊙ 2個小螺絲
- ⊙ 熱熔膠槍和熱熔膠條　⊙ 筆刀
- ⊙ 麥克筆　⊙ 顏料（可省略）

🦴 步驟：

第1部分：製作身體

1. 將電池盒放在罐子的側面，沿著電池盒的邊緣用麥克筆畫出一個長方形。用筆刀將長方形割下來，或是請大人幫忙你切割。裁出來的開口要能讓電池盒剛好卡進去，這樣以後要換電池時，就可以輕鬆將電池盒拉出來。如果開口太大也沒關係，只要塗一點熱熔膠或貼上膠帶，讓電池盒固定在那個位置就可以了。

2. 將罐子上下顛倒，放在桌上。拿起齒輪馬達，將馬達所在的那一端朝下，放在罐子底部的正中間，然後沿著馬達畫一圈。罐子的底部通常會比側面厚，用筆刀可能割不破，所以

請找大人用比較堅硬的刀具幫你割出這個洞，切割時要小心安全。

3. 將輪子裝到齒輪馬達的轉軸上，用兩個小螺絲鎖好。

4. 把電池盒放在罐子側面的開口中，開關要露在罐子外面。將電池盒的導線從罐子底部的洞拉出來，小心的將導線末端纏在馬達的金屬片上。記得動作要輕一點，因為馬達金屬片通常很容易斷。

5. 將開關打開，測試電路是否能正常運作。要注意輪子轉動的方向，我們需要讓輪子**朝向罐子裝有電池盒的那一面前進**（電池盒位於機器人的正面，是它的「肚子」）。

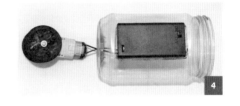

6. 小心的將齒輪馬達從罐子底部的洞放進去，請注意不要在洞口扯到電線或拉斷馬達的金屬片。

7. 打開電池盒的開關，測試馬達是否能正常運作。我們要讓輪子朝罐子裝有電池盒的那一面

接下頁 ➡

前進，如果罐子是往反方向移動，請再小心的將馬達轉向另一面。

第2部分：製作雙腳

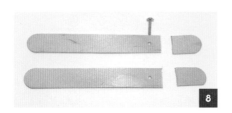

8. 在兩根15公分的冰棒棍上，用筆刀各裁掉2.5公分，可以請大人幫忙切割。接著在裁切後、呈現方形的那一端，距離邊緣大約1.5公分處打一個洞，孔洞大小必須和你要用來固定後輪、保持平衡的小螺栓的大小相符。

9. 將螺栓插入其中一個薄型輪子裡，另一邊加上小型墊圈，然後將螺栓插入機器人腳上的洞。用防鬆螺帽將螺栓固定好；如果沒有防鬆螺帽，也可以用兩個一般螺帽轉緊固定，避免螺帽在PB-D2跑來跑去時鬆脫。另一隻腳也如法炮製。

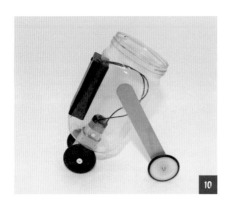

10. 準備安裝左腳。首先將一隻腳放在機器人身體左側，輪子的部分朝外，整隻腳往後傾斜大約60度，或是調整到你覺得適合的角度。接著，在要裝左腳的瓶身位置做上記號，然後在

左腳的圓頭端（輪子的另一邊）擠上一些熱熔膠；過程中要小心別燙到，如果你不太會使用熱熔膠，請找大人幫忙。擠好熱熔膠後，將有膠的那頭黏到剛才做記號的地方，然後壓著一陣子，等熱熔膠凝固。

11. 熱熔膠凝固後，請把機器人立起來，**它應該要能靠著三個輪子保持直立**。要注意機器人會不會很容易往前傾，如果會的話，請把腳再放斜一點，然後重新用熱熔膠黏好。

12. 把右腳放到機器人的另一側，讓它和左腳對稱，也就是安裝的位置和角度都要一樣。確認四個輪子都能碰到桌面或你的工作檯面，然後用鉛筆或麥克筆在要裝右腳的瓶身位置上做記號。接著，在右腳的圓頭端（輪子的另一邊）擠上一些熱熔膠。擠好熱熔膠之後，將有膠的那一頭黏到剛才做記號的地方，然後壓著一陣子，等熱熔膠凝固。

12

接下頁 ➡

第3部分：裝飾美化

13. 將圓蓋用熱熔膠黏在罐子的蓋子上面，然後將罐蓋裝回罐子上。現在，你的機器人看起來就像《星際大戰》裡面的機器人一樣酷了！你可以把開關打開，看看它跑來跑去的樣子。

14. （可省略）把小型塑膠醬料盒剪成兩半，分別用熱熔膠黏在兩個後輪的外側。這樣不只可以保護後輪，而且會讓機器人看起來更像R2-D2。

15. （可省略）幫機器人裝飾一下吧！你可以用顏料把它塗成和R2-D2一樣的藍白配色，或像原本裝的花生醬一樣的黃褐色，請發揮你的藝術細胞自己設計！

科學原理解說

馬達可以讓PB-D2往前跑，後腳則可讓它保持平衡。

STEAM優勢：找出安裝腳的正確角度，需要用到數學和工程概念。裝飾外觀，則要用到藝術美感。此外，這個機器人的靈感來自科幻電影中虛構的機器人角色，而這部科幻電影的劇情，正是藝術和科學結合下創造的未來故事。

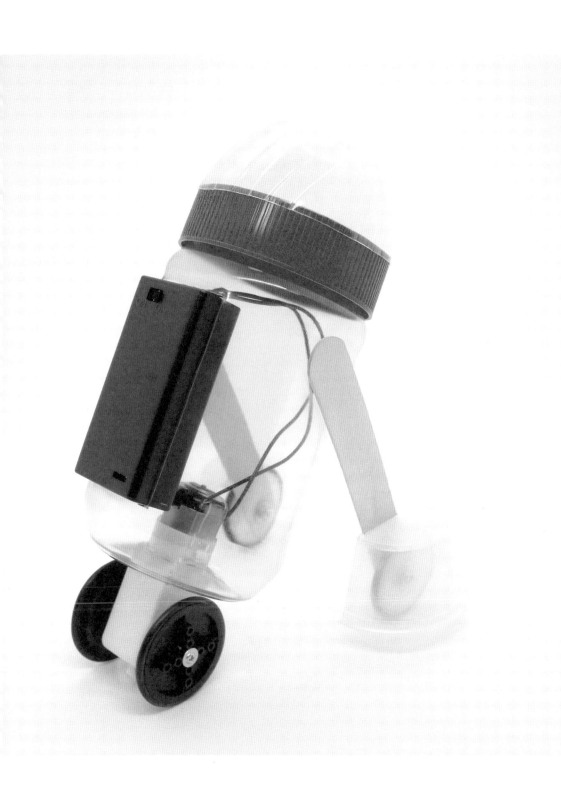

12 製作麵包板LED電路

　　麵包板是一種很方便的電路基底，可以用來製作各種電路。人類剛開始嘗試製作電子器材時，因為需要能用來實驗和測試電路的東西，便會把釘子插在麵包板（用來切麵包的木板）上面，然後將電子元件接在釘子之間，用來測試電路。到了現在，市面上已經買得到能直接插上電子元件的塑膠製麵包板。

　　在接下來的兩個活製作提案中，我們要介紹如何使用麵包板。我們會做幾個簡單的電路（又稱為原型），來練習接電路的技巧。麵包板上有很多列孔洞，可以用來插入電子元件，每一列之間有間隙分隔，間隙兩側的整列孔洞彼此相連。以我們在這次示範用的麵包板來說，A、B、C、D、E孔是接在一起的，F、G、H、I、J孔之間也是相通的。接下來我們要用麵包板讓LED亮起來。

⏱ 所需時間：15分鐘

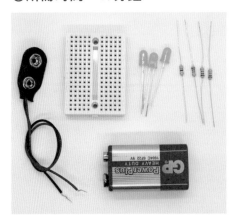

🔧 材料：

- ➲ 1個170孔的小型麵包板
- ➲ 3顆LED
- ➲ 1顆9伏特電池
- ➲ 1個9伏特電池釦
- ➲ 1個470歐姆的電阻器
- ➲ 3個150歐姆的電阻器
- ➲ 3條跳線（短的單芯線即可）

⚠ 警告：不可以將LED直接和9伏特電池接在一起，一定要使用電阻器來減少電流，這樣才能避免意外觸電。

步驟：

1. 拿起一顆LED，將較長的接腳插入A1孔，較短的接腳插入B1孔。

2. 拿出470歐姆的電阻器（上面有黃色、紫色和紅色的條紋），將其中一端插入C2孔，另一端插入C6孔。

3. 將9伏特電池和9伏特電池釦銜接好。

4. 將紅色電線的金屬絲末端插入E1孔。

5. 將黑色電線的金屬絲末端插入E6，LED就會亮起來。要確認LED的長接腳插在A1孔，短接腳插在B1孔，如果裝反，LED就不會亮。

6. 將470歐姆電阻器更換成三個150歐姆的電阻器（上面有紅色和綠色條紋）。在照片中，第一個電阻器裝在B2孔和B6孔，第二個裝在C6孔和C10孔，第三個則裝在D10孔和D14孔。

接下頁 ➡

7. 接著，請嘗試將這些電阻器換成LED；如果需要的話，可以用跳線來完成整個電路。觀察看看，LED燈泡的亮度有沒有變化？如果是裝一顆LED和兩個150歐姆電阻器，又會發生什麼事？

科學原理解說

麵包板能讓你快速接好電路，更換電子元件很方便，所以很適合用來改良電路。

STEAM優勢：麵包板是開發新科技的重要工具，嘗試各種電阻器和LED的組合是發揮科學精神，找出不同電阻器的數值則要用到數學。

13 製作太空音效機器人

在這個製作提案中，我們會以555計時器這款經典的積體電路（又稱為IC晶片）做為機器人的基礎；555計時器可以應用在很多地方，它的大小約為0.65公分乘以1.3公分，但裡面有25個**電晶體**、2個二極體，以及15個電阻器。這組積體電路已經簡化到只有八個接腳，讓我們只要用一個小晶片，就能輕鬆製作出複雜的電路。

接下來我們要做出一個太空音效裝置。這個裝置是用一個光敏電阻器做為感測器，會根據偵測到的光線多寡，而發出不同的聲音。

🕐 **所需時間**：35分鐘

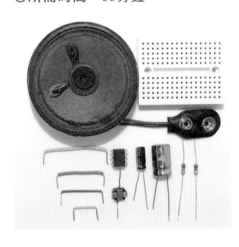

🔧 **材料**：

- ➲ 1個170孔的小型麵包板
- ➲ 1個555計時器積體電路
- ➲ 1顆9伏特電池
- ➲ 1個9伏特電池釦
- ➲ 1個光敏電阻器
- ➲ 1個1000歐姆的電阻器
- ➲ 1個100萬歐姆的電阻器
- ➲ 1個1微法拉的電容器
- ➲ 1個100微法拉的電容器
- ➲ 1個回彈式按鈕開關
- ➲ 4條跳線（只要是短的單芯線即可，顏色不限）
- ➲ 1個小型揚聲器（附導線）

接下頁 ➡

警告：注意電容器的插入方式一定要正確。有些電子元件無論正負極怎麼接都可以，例如電阻器就是如此；但電解電容器只能用一種方式連接。在這個電路中，如果你把電容器接反了，只會導致電路無法運作。但是你以後在製作其他電子材料專題時，如果把電容器接反，可能會導致爆炸或是損壞其他元件。

步驟：

1. 擺好麵包板，A1孔接點要位於右上角。

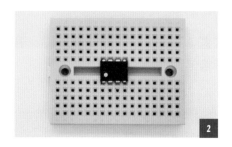

2. 將555 IC晶片的凹口處朝左，裝在E8孔到E11孔以及F8孔到F11孔之間。

3. 將1000歐姆電阻器（上面有棕色、黑色和橘色條紋）裝在G8孔和D10孔之間。

4. 將100萬歐姆電阻器（上面有棕色、黑色和綠色條紋）裝在I15孔和I11孔之間。

5. 拿出1微法拉的電容器，將較長的正極（＋）導線插入H11孔，較短的負極（－）導線插入H15孔。

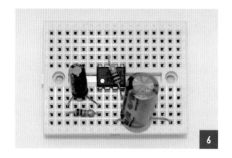

6. 拿出100微法拉的電容器，將較短的負極（－）導線插入J9孔，較長的正極（＋）導線插入J2孔。

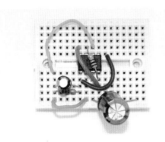

10

11

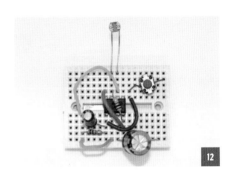

12

7. 在H8孔和D11孔之間裝一條跳線（照片中為橘色）。

8. 在D9孔和F15孔之間裝上另一條跳線（照片中為黃色）。

9. 在E7孔和G11孔之間裝上第三條跳線（照片中為棕色）。

10. 在J10孔和J15孔之間再裝一條跳線（照片中為綠色）。

11. 將按鈕開關裝在B1孔和D7孔之間。

12. 將光敏電阻器裝在A9孔和A10孔之間。

13. 把麵包板背面黏貼的背紙撕掉，將9伏特電池的窄邊黏在第13列到第17列之間的背面，電極則在A孔到E孔這一邊。將揚聲器的金屬端貼在其他有黏性的地方，然後把麵包板翻回正面。

13

接下頁 ➡

18

14. 將揚聲器的紅色電線接到I2孔。

15. 將揚聲器的黑色電線銜接到E1孔。

16. 將9伏特電池釦的其中一個端子裝到電池的電極上。

17. 將電池釦的紅色電線接到I8孔。

18. 將電池釦的黑色電線銜接到A1孔。

19. 按下開關,振盪器就會啟動,從揚聲器發出聲音。如果你蓋住光敏電阻器,音調就會降低。如果移開擋住光敏電阻器的東西,並用手電筒照射它,揚聲器就會發出像老電影中幽浮音效一樣的聲音。

科學原理解說

555計時器會傳送穩定的電流脈衝,當IC晶片與揚聲器連接時,這些脈衝就會產生短促的電子音。電阻值改變時,短音的頻率(也就是速度和次數)也會跟著改變,因此揚聲器發出的聲音就會不一樣。為了改變頻率,我們使用了光敏電阻器,這種特殊的電阻器會根據偵測到的光線強度改變電阻值。

STEAM優勢: 555計時器屬於積體電路,這是一種先進的電子科技。麵包板是開發新電路和應用科學觀念的重要工具,測試不同的電阻器和電容器組合則是一種實驗,也屬於科學的領域。此外,你還需要運用數學能力,才能計算不同電阻器的數值。

14 製作抗重力機器人

　　仔細想想就會發現，其實所有會動的機器人都在抵抗重力；就連站立這個動作，嚴格來說也是在抵抗重力。不過，我們要做的這個機器人對抗重力的方式很特別。它的底部有磁條，可以在具有磁性的表面往上爬，像是冰箱門或金屬門。水平移動的時候，它還能在不平坦的表面上行走。

⏱ 所需時間：1小時45分鐘

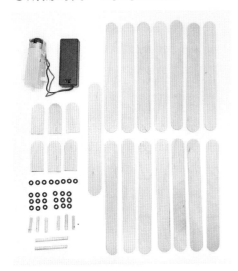

❗ 警告：使用熱熔膠時一定要小心，因為溫度很高，可能會燙傷，請找大人協助你使用。熱熔膠還沒完全冷卻時，不要用手去碰它。需要鑽孔時，也請找大人幫忙完成。

🔧 材料：

- ➲ 1個可裝2顆4號電池的電池盒（附開關）
- ➲ 2顆4號電池
- ➲ 1個雙軸齒輪馬達
- ➲ 15支15公分的冰棒棍
- ➲ 6片裁成4公分的小片冰棒棍
- ➲ 2條橡皮筋
- ➲ 2根4.5公分的木棍，直徑0.3到0.5公分
- ➲ 6根2公分的木棍，直徑0.3到0.5公分
- ➲ 26個小型橡膠O形環，內徑0.3公分（裝到木棍上時要能剛好密合）
- ➲ 2個附墊圈的小螺絲
- ➲ 3段13公分的背膠磁條
- ➲ 小型螺絲起子　➲ 電鑽
- ➲ 筆刀　➲ 熱熔膠槍和熱熔膠條

接下頁 ➡

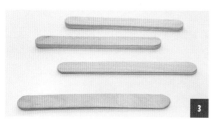

第1部分：組裝基底

1. 將電池盒導線的金屬絲插入馬達金屬片上的孔洞，然後小心轉緊，同時也要小心，避免弄斷金屬片。

2. 用熱熔膠將電池盒黏在馬達上面，電池盒開關的那一面要朝上。將其餘的電線塞在馬達和電池盒的尾端之間。

3. 取八支冰棒棍，以四支為一組，用熱熔膠將兩組冰棒棍分別黏起來。再拿出另外四支冰棒棍，以兩支為一組，同樣用熱熔膠分別黏起來。

4. 等熱熔膠完全冷卻之後，將這些冰棒棍疊起來，用橡皮筋緊緊綁住，固定在一起。用麥克筆在最上面那支冰棒棍的正中間做記號。接著，在距離兩端1.5公分的地方用麥克筆各做一個記號。

5

5. 請大人幫忙用比木棍稍粗一點
的鑽頭，在剛才做記號的三個
位置鑽洞，請直接鑽穿每一支
冰棒棍。過程中要確保冰棒棍
有緊緊捆好，這樣才能讓每支
冰棒棍鑽洞的位置相同。如果
大人有電鑽或鑽床可用，會更
容易完成。

6. 請大人用同一個鑽頭，在小片
冰棒棍兩端1.5公分處各鑽一
個洞。

7. 拿出六根短木棍，在距離其中
一端的0.3公分處，各裝上一
個O形環。

8. 在這六根短木棍裝上O形環後
露出的末端處，塗上一圈熱熔
膠，然後裝進小片冰棒棍圓頭
端的孔洞裡。裝進洞裡的短木
棍末端要和小片冰棒棍的底部
齊平，注意不要凸出來。

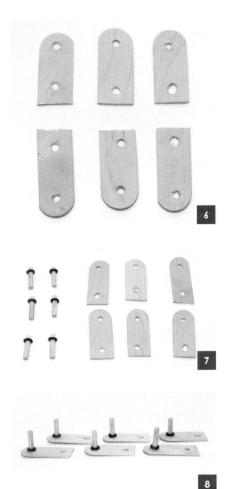

6

7

8

接下頁 ➡

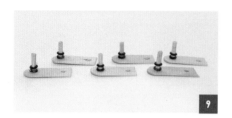

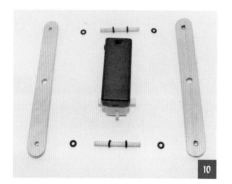

9. 等熱熔膠凝固之後，在每根短木棍上再各裝一個O形環。

第2部分：組裝機體（身體）

10. 拿出馬達和電池盒、兩根4.5公分的木棍、八個O形環，還有已經打好三個洞的兩組雙層冰棒棍。幫兩根木棍分別套上兩個O形環，間隔大約要有2.5公分。

11. 將馬達兩側的轉軸分別插入兩組雙層冰棒棍中間的小洞，再將兩根木棍分別穿過冰棒棍兩端的小洞。在木棍凸出的地方套上O形環，固定冰棒棍的位置。你可能會需要根據馬達轉軸的大小，用筆刀將中間的孔洞挖大一點。

12. 將**機體**翻過來，用熱熔膠將一支冰棒棍黏在馬達下面，做為底部。

13. 拿出一個黏有木棍的小片冰棒棍，用一組小螺絲和墊圈裝在其中一邊的馬達轉軸上，並將螺絲轉緊。另一邊也如法炮製，並要確定兩邊有對齊。

14. 將剩下的四個小片冰棒棍分別裝到機體兩端的木頭轉軸上，每個都要用O形環固定好。

12

13

接下頁 ➡

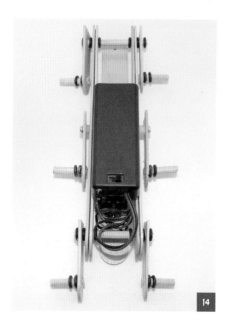

14

15

第4部分：製作腳部

15. 拿出以四支黏在一起的兩組冰棒棍，在側面塗上熱熔膠，分別黏到另外兩支冰棒棍上，要確定側立的冰棒棍都有對齊底板冰棒棍的內側邊緣（如圖所示）。這就是機器人的腳了。

16. 將機體上小片冰棒棍的轉軸分別插入腳上對應的孔洞，記得要讓腳平坦的那一側朝外。裝好後，用O形環將每個轉軸固定好。

17. 把機器人反過來，將磁條貼在機體的底部和腳底，機體底部的磁條要比腳底的長一點。接著將機器人翻回正面，打開馬達，把它分別放在有磁性和無磁性的表面上，看看會發生什麼事。

16

科學原理解說

這個機器人的底部和腳會輪流著地，讓機器人可以持續前進。它的腳會往上踩，所以能在不平坦的表面上行走。在金屬門等有磁性的表面往上爬時，它可以用底部的磁鐵吸住表面，讓自己不會掉下去，同時擺動腳部邁出下一步。

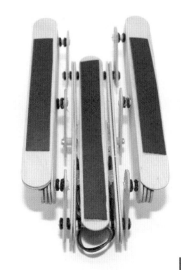

17

STEAM優勢：製作或製造零件屬於工程的領域，你還需要運用數學能力，才能測量每個孔洞的距離。此外，利用電池驅動的馬達就是一種科技。

第6章

工作機器人

環顧房間，你看到的所有東西都是由人類發想並製作出來的。歷史上有很長一段時期，人類不僅要自己構想新的東西，還得要自己動手打造。不過，有些工作很危險，有些很困難，有些成本很高，有些則是無聊透頂，甚至有工作同時要兼具以上四點（你能想像嗎？）

人類之所以創造出能幫忙完成工作的機器人，原因有很多。有時候，機器人會取代原本從事某個工作的人類，因為機器人可以做得更好、更快、更安全而且更精準。像我們的電腦和智慧型手機，都是由工廠裡的機器人生產製造，因為機器可以不斷執行同樣的工作，而且過程分毫不差，能確保相同品牌型號的每部電腦和手機運作起來一模一樣。所有零件都是由機器以相同的精準度組裝而成，因為機器不會分心，工作一整天下來也不會忘東忘西。

那麼，現在有哪些工作是由機器人代勞呢？從量產型糕餅店到汽車工廠，在很多需要組裝產品的產業中，不僅會讓機器人處理要重複執行的簡單工作，也會把需要高度集中力和技巧的工作交給機器人來做。通常會有一個人在產線末端檢驗品質，並為製造出來的產品做最後的整理和修飾。不過，某些產業的機器人不僅是在人類手下工作，還能跟人類合作共事。像是美國的再思機器人公司（Rethink Robotics）製造的「巴斯德」（Baxter）和「索耶」（Sawyer），這兩款機器人都是移動式倉儲助手，可以操作機器、裝填生產線、打包等。在醫療業，則有iRobot公司製造的機器人RP VITA，它可以讓多位醫療專家和照護人員即時在病患床邊進行診療，不受所在地點限制，而且還擁有自動導航和移動的能力。RODIS則是設計來檢查油管的機器人，可以用手臂尋找裂縫，偵測出油管結構中較脆弱的地方。還有「印達戈」（Indago），它是一款無人機，可以運用紅外線感測器偵測鄉間野火，並通知空中灑水機需要灌救的確切地點。

很多人擔心機器人會「搶走」人類的飯碗，但其實只有人類才能交辦工作給機器人，機器人只不過是一種工具。如果機器人某件事情做得

比人類更好，人類就可以空出時間，去做機器還無法勝任的其他事情，像是運用想像力開創更先進的機器人科技。人類要拓展科技的極限，靠的就是STEAM能力的**演進**。

在這一章當中，我們會製作出可以協助完成一些常見事項的機器人，像是幫忙打掃、在水面上移動，還有偵測障礙。

15 製作掃地機器人

打掃清潔大概是最煩人的工作了,如果人類不用花這麼多時間整理、洗碗或洗澡的話,應該早就進步到可以移民火星了吧?我們接下來要做的機器人,可以幫你打掃灰塵髒汙,讓你可以集中心力進行更重要的事情,例如研發時光機!

在前面的製作中,我們曾用到圓盤形的小型振動馬達,這個活動則要使用**大型振動馬達**。如果你找不到大型的振動馬達,可以自己做一個,只要幫一般馬達加上偏離中心的重量,就是振動馬達。

⊙**所需時間**:20分鐘

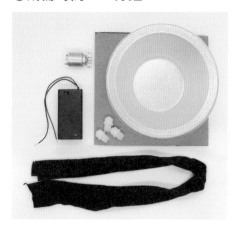

⚠️ 警告:這個活動需要用到熱熔膠槍,使用上要特別小心,避免燙傷,請找大人協助你。如果你不太會使用筆刀,也可以請大人幫忙。

🔧**材料**:

- ➋ 1個大型振動馬達
- ➋ 1個可裝2顆3號電池的電池盒(附開關和導線)
- ➋ 2顆3號電池
- ➋ 1個小的紙碗或保麗龍碗
- ➋ 1片正方形的厚紙板,尺寸要比碗稍大一點
- ➋ 3個塑膠萬向滾珠輪
- ➋ 1塊布料,寬約十幾公分,長度等同碗的圓周(也就是碗邊緣的長度)
- ➋ 熱熔膠槍和熱熔膠條
- ➋ 筆刀或剪刀
- ➋ 尺
- ➋ 活動眼睛和貼紙等裝飾物品(可省略)

步驟：

1. 在厚紙板上沿著碗的開口邊緣畫一圈，然後用剪刀或筆刀沿線裁下來。

2. 在厚紙板的中心做一個記號。有個辦法可以輕鬆找出圓形的中心，就是用尺量出圓形裡面最寬的地方，這條線就是**直徑**；只要測量直徑的長度，然後分成兩半，就可以找到中間點。在距離圓形邊緣約1.5公分處做三個記號，位置越平均分散越好，不用很精準，盡量把圓形分成三等份即可。

3. 在這些做記號的地方各裁出一個小洞，寬度約0.5公分。

4. 將塑膠萬向滾珠輪裝進外圍的小洞。

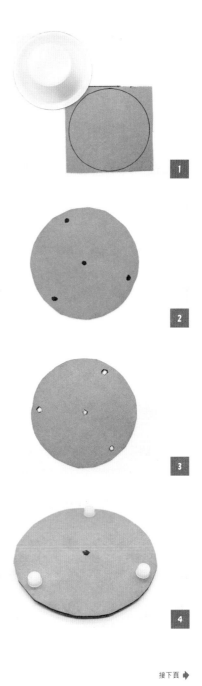

1

2

3

4

接下頁 ➡

5. 將電池盒的導線接上馬達。

6. 在馬達底部沿著邊緣塗上一小圈熱熔膠，然後盡快將馬達放在厚紙板中心的洞上，把轉軸裝進洞裡。

7. 拿出布料，用熱熔膠將長邊沿著厚紙板的外側黏一圈。

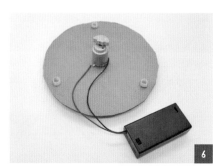

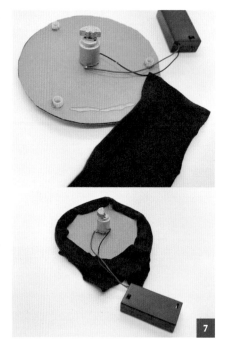

8. 將碗上下顛倒，並黏在厚紙板上。黏貼前要先在碗上割一道細縫，把電池盒的導線拉出來，這樣才能將電線盒裝在碗的上方。

9. 在布料上以1.5公分左右的間距剪幾刀，讓布料可以攤開來，蒐集更多灰塵。接著就可以依照你的喜好裝飾掃地機器人了！

科學原理解說

振動馬達作動時，機器人就能靠著萬向滾珠輪旋轉，讓布料把灰塵收集起來。

STEAM優勢： 以尺測量距離會用到數學，裝飾機器人要運用藝術美感，自己製作掃地機器人的各種零件則要靠工程能力。

16 製作太陽能機器船

　　小船是很有趣的玩具，這次要做的船很適合放在後院的游泳池，或是帶到附近的池塘或溪流裡玩。不過，維護水質是非常重要的事情，如果亂丟玩具或弄丟電池，會傷害到生活在水中的動植物，所以這次我們不打算使用靠電池驅動的馬達。但沒有電池，機器船要怎麼動起來呢？像帆船就不需要馬達，因為可以靠風力前進，但你可能會想問：「要是沒有風怎麼辦？」所以接下來，我們就要使用前面「太陽能繞軌平衡裝置」製作中的太陽能電路，自己製造可以推動船隻前進的風。

⏱ 所需時間：40分鐘

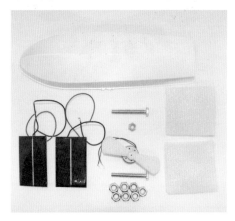

!⃝　警告：這個活動需要用到熱熔膠槍，使用上時要特別小心，避免燙傷，可以請大人幫忙。如果你自己不太會使用筆刀，也可以請大人幫忙。

🔧材料：

- ➷ 1艘玩具船
- ➷ 2片小太陽能板，額定功率0.5伏特、800毫安以上
- ➷ 1個低電壓、低電流並裝上螺旋槳的馬達（可以使用繞軌平衡裝置活動中的馬達和螺旋槳）
- ➷ 1個外徑約0.65公分、長度約7.5公分的螺栓，附防鬆螺帽
- ➷ 1個外徑約0.65公分、長度約7.5公分的螺栓，並附7個一般螺帽
- ➷ 2小片正方形保麗龍
- ➷ 熱熔膠槍和熱熔膠條
- ➷ 筆刀或剪刀

◉步驟：

1. 將一片太陽能板的紅色電線與另一片的黑色電線接在一起（這兩片太陽能板是以串聯的方式連接）。接著將太陽能板接上馬達，當風扇旋轉時就會吹出空氣。把這個電路拿到陽光下測試看看，或是在很亮的燈光下進行測試。

2. 將防鬆螺帽套到其中一個螺栓上，用手轉緊（見圖2的右邊），當成馬達的固定座。接著將一般尺寸的螺帽裝到另一個螺栓上（圖2的左邊），用來當壓艙物，也就是讓船身平穩的重物。

3. 用熱熔膠將壓艙螺栓黏在船內底部靠近中間的位置。

4. 用熱熔膠將裝在螺栓上的防鬆螺帽黏在船尾後方的底部，注意熱熔膠要塗在螺帽上，而不是螺栓上；這就是舵桿螺栓。

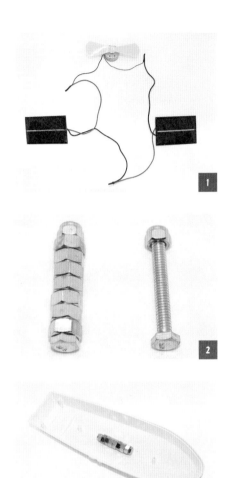

1

2

3

接下頁 ➡

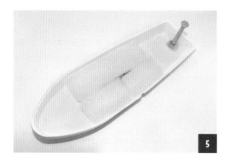

5. 將兩片正方形保麗龍分別剪成兩半，變成四片長方形，放在壓艙螺栓的兩側，然後用熱熔膠黏住固定。

6. 將太陽能板放在保麗龍片上面，電線塞進保麗龍片之間的縫隙。用熱熔膠將馬達的側面黏在舵桿螺栓上面，角度稍微偏向左舷（也就是船身的左邊）。要確認螺旋槳旋轉的時候不會打到船的背面。

7. 將船拿到戶外陽光下，螺旋槳就會開始旋轉。你可以稍微轉動舵桿螺栓，就能調整螺旋槳的方向。

科學原理解說

太陽能板可以將光轉變成電力，讓風扇馬達運轉。只要調整風扇的角度，就能控制船前進的方向。

STEAM優勢： 打造太陽能船是一種科技，而找出能讓船身穩定不傾斜的平衡點，則需要用到工程能力。

製作懸崖偵測機器人

掃地機器人身上裝有很多**懸崖感測器**，所以它可以察覺到自己快要從樓梯或邊緣處掉下去了。有些掃地機器人使用的懸崖感測器是紅外線發射器，我們接下來要製作的機器人也有懸崖感測器，但不是電子式，而是機械式的感測器。當機器人靠近邊緣時，就會轉向避開。

所需時間：1小時15分鐘

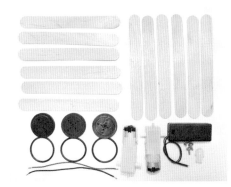

警告：將電線的金屬絲以扭轉的方式接上馬達時，一定要小心。如果身邊的大人有電烙鐵工具，可以詢問大人能不能幫你焊接電線。用熱熔膠槍時要特別小心，避免燙傷，請找大人幫忙。此外，如果你自己不太會使用筆刀，也可以找大人幫忙。

材料：

- 12支15公分的壓舌板
- 1個可裝2顆3號電池的電池盒（附開關和導線）
- 2顆3號電池
- 1條15公分的紅色電線（剝除兩端的絕緣皮）
- 1條15公分的黑色電線（剝除兩端的絕緣皮）
- 1個高速齒輪箱
- 1個低速齒輪箱
- 3個輪子（建議準備兩個和低速齒輪箱尺寸相符的輪子，以及一個和高速齒輪箱尺寸相符的輪子）
- 3個中型橡膠墊片（做輪胎用）
- 3個小螺絲
- 1個塑膠萬向滾珠輪
- 熱熔膠槍和熱熔膠條
- 筆刀或剪刀　●鉛筆

接下頁 ➡

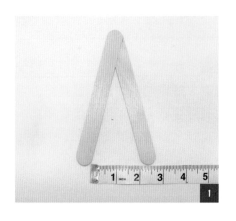

1. 拿出兩支壓舌板，用熱熔膠將其中一端黏起來，兩支壓舌板內側要相距5公分（圖示的尺規為2英寸，相當於5公分）。

2. 拿出第三支壓舌板，用熱熔膠黏在其中一支頂端往下約四分之一處；也就是說，第三支壓舌板會比黏在下面的壓舌板凸出一些。

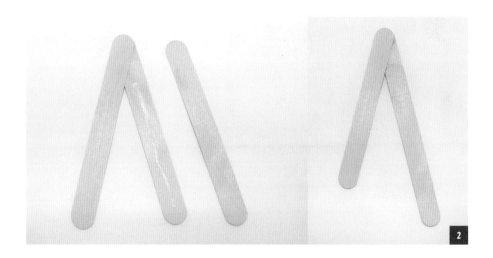

3. 將黏好的「∨」字翻到另一面，在另一邊的壓舌板上重複前一個步驟。

4. 將墊片拉開，像輪胎一樣裝到輪子上面。將兩個輪子裝到低速齒輪箱上，另一個輪子裝到高速齒輪箱上。如果可以的話，用小螺絲把輪子固定好，或是塗一點熱熔膠。

3

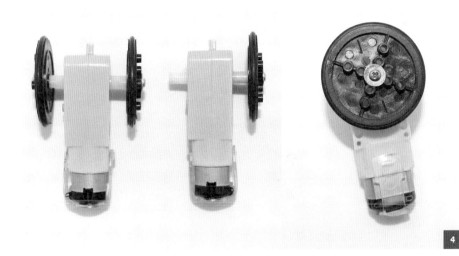

4

接下頁 ➡

5. 將15公分紅色電線的末端,與
   電池盒的紅色導線末端扭轉在
   一起;黑色電線也與黑色導線
   扭轉在一起。

6. 將扭絞好的電線末端接到雙輪
   的低速齒輪箱上,要讓齒輪箱
   運轉時是輪子在後面,並往前
   轉動。

7. 將這兩條電線的另一端接到單
   輪的齒輪馬達上,讓兩個馬達
   以並聯的方式連接。

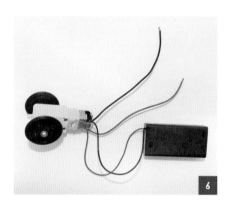

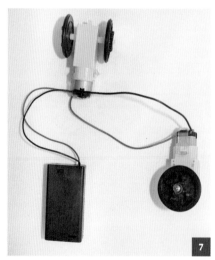

8. 用熱熔膠將雙輪馬達黏在「V」字的背面，要確認輪子可以正常轉動。

9. 將第二個馬達與第一個馬達垂直擺放，也就是兩者之間呈現直角，然後用熱熔膠黏好。馬達的單輪要盡量靠近「V」字的內側，但不要碰到壓舌板。

10. 拿出另一支壓舌板，盡量黏在最靠近第三個輪子的地方，但不要碰到輪子；這樣一來，「V」字就變成「A」字了。

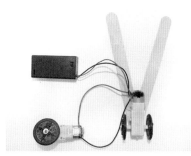

8

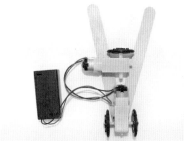

9

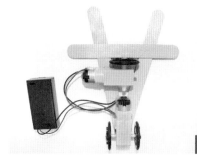

10

接下頁 ➡

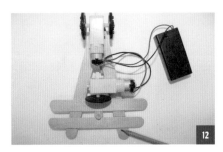

11. 黏上一小段壓舌板，讓左右兩邊長度相同；請測量兩邊的長度，看看哪一邊較短，然後根據量測的長度裁切小段的壓舌板，黏在末端加長。

12. 將萬向滾珠輪放在「Ａ」字當中，水平的那支壓舌板下面，並與兩邊距離相同的位置。在下方再放一支壓舌板，固定好塑膠萬向滾珠輪的位置，然後用鉛筆標示這支壓舌板要黏的位置。

13. 用熱熔膠將壓舌板黏在前一個步驟時做記號的位置。

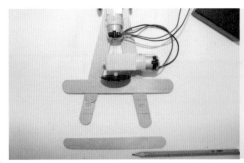

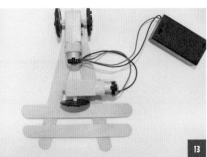

14. 等熱熔膠凝固後，將塑膠萬向
    滾珠輪壓進兩支壓舌板之間。

15. 接著將三支壓舌板對半裁切，
    把圓頭端放在同一邊全部疊起
    來，然後用熱熔膠將壓舌板黏
    在一起。

16. 將這疊壓舌板黏在雙輪馬達的
    頂部。接著將電池盒黏在這疊
    壓舌板上面，電池盒開關的那
    一面要朝上。這疊裁切成兩半
    的壓舌板，其實就是用來當電
    池盒的底座和支架。

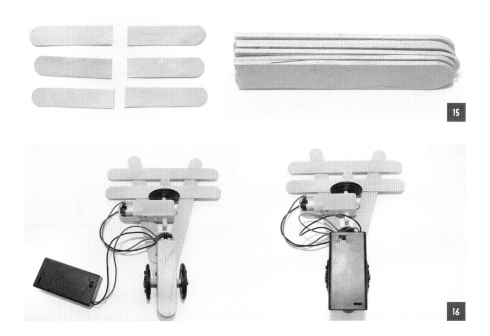

接下頁 ➡

17. 調整滾珠輪的高度，讓它比旁邊的輪子稍微低一點。

18. 將壓舌板支架兩側的圓頭端裁切掉，讓整體形狀變得像一片披薩。完成後，打開機器人的開關，將它放在比較高的物體表面（例如桌面）上，然後觀察看看。

科學原理解說

這部機器人是由兩個後輪和前面的滾珠輪支撐起來，假如前面的滾珠輪從桌面之類的地方滑落邊緣，第三個輪子就會落地，讓整部機器人轉向，所以不會從桌上掉下去喔！

STEAM優勢：了解如何組裝不同的零件來讓機器人運作，並解決遇到的問題、達到想要的結果，這就是工程學。而過程中需要測量的地方，就要用到數學。

第7章

手術機器人

人類擁有先進的醫療技術，發展至今已經有相當驚人的成果，但還是很多人類做不到的事情。所以我們製造出比人類的手更小、更有力、更精準的機器人，可以攜帶手術工具和攝影機進入病患身上的微小傷口。手術機器人的應用可以讓手術切口變小，病患可以更快復原，因此改善了許多手術療程。很多以往被視為重大手術的療程，現在病患幾天內就能出院，恢復正常的工作和活動。

不過，機器人手術終究無法取代外科醫生。通常外科醫生會坐在手術控制室的控制台操縱機器人，醫護人員則會在附近待命，準備在需要時加入手術。負責操控機器人的外科醫生也會透過通話系統，與其他待命中的醫護人員溝通手術事宜。像是達文西機器人外科手術系統，由於配備先進的微型儀器，可以針對手術區域為外科醫生提供高解析度的立體影像。

根據開發出達文西機器人的美國直覺外科公司（Intuitive Surgical Inc.）表示，這款機器人已經執行過幾百萬次的手術。達文西機器人被運用在各種精密手術上，包括心臟和脊椎手術在內；而且比起由人類執刀的手術，達文西手術較少出現術後併發症。

你可以想想看：外科醫生經常要長時間工作，而且工作過程非常需要保持精神專注和手部穩定；相較之下，在電腦控制台上透過高解析度的手術區域影像畫面來操控機器人，耗費的精神會比傳統手術來得少。外科醫生如果能降低精神、眼睛和生理（手部）上的疲勞程度，就能進行更多手術，而且手術治療成果會更好。此外，比起外科醫生的手，微型的機器人手臂和器材更容易接近難以觸及的體內部位，不僅能降低手術出錯的風險，也減少病人術後的併發症。

還有一個為醫療界帶來變革的手術機器人，叫做CorPath系統。這款機器人運用虛擬實境技術，讓醫生能在實際開刀之前預先演練複雜的手術步驟，還能遠距進行手術，即使醫生與病患相隔在地球兩端，也能為病患開刀治療。世界上有很多人居住在偏遠地區，有了這款機器人，

即使附近沒有外科醫生，他們也能接受手術，救回一命。此外，因為重病而不宜轉院的患者，也能透過CorPath系統在原本的醫院直接接受治療手術。

　　儘管這些技術發展令人驚豔，但在手術室裡，機器人始終無法完全取代人類，因為手術狀況是難以預料的，外科醫生和醫護人員必須隨時待命，如果手術過程中發生任何問題，就要立刻接手處理。不過，有了機器人的協助，醫生就能幫助病患更快恢復健康。

　　我們在這一章中要製作的幾個機器人，會用到手術機器人在手術室裡使用的各種**運動**方式。雖然手術機器人非常精密複雜，但工程師在設計時，首先要考慮的就是它們需要做出哪些動作。

18 製作用四足機器人

　　每種機器人的運動方式不盡相同，有些是用輪子、有些是用螺旋槳、有些是用噴射引擎，還有一些機器人像人類或動物一樣有腳可以行走。在本章的幾個提案中，我們會把重點放在各種不同的運動方式上面。接下來的三個提案會用到相同的齒輪箱，還有很多重複的零件。

　　第一個機器人有四隻腳，是最穩定的。就像我們在剛開始學移動時，也是靠四肢在地上爬一樣，用四足移動是最容易保持平衡的方式。

⏱ 所需時間：1小時30分鐘

注意：這個活動用到的很多壓舌板都可以在後續活動中重複使用。

🔧 材料：

- 1個Elenco二合一齒輪箱組
- 1個可裝2顆3號電池的電池盒（附開關和導線）
- 2顆3號電池
- 12支15公分的壓舌板
- 1根10公分的木棍，直徑0.3到0.5公分
- 1根5公分的木棍，直徑0.3到0.5公分
- 2個小螺絲　● 4個小型開口銷
- 10個小型橡膠O形環，內徑0.3公分（裝到木棍上時要能剛好密合）
- 熱熔膠槍和熱熔膠條
- 筆刀
- 有兩種鑽頭尺寸的電鑽
- 剪刀　● 鉛筆或麥克筆

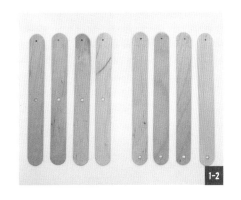

接下頁➡

步驟：

第1部分：製作機器人的腳

1. 拿出四支壓舌板，請大人幫忙在每支壓舌板正中間各鑽一個洞，孔洞大小要和木棍的粗細相同。接著請大人在這些壓舌板的其中一端，距離圓頭邊緣約0.5公分處鑽一個小洞，孔洞大小要能讓開口銷的長腳通過。這些壓舌板要用來作為機器人的腳。

2. 拿出另外四支壓舌板，請大人在其中一端，距離圓頭邊緣約0.5公分處鑽一個洞，孔洞大小要和木棍的粗細相同。接著請大人在這些壓舌板的另一端，距離圓頭邊緣約0.5公分處再鑽一個小洞，，孔洞大小要能讓開口銷的長腳通過。這些壓舌板會用來支撐機器人的腳。這兩個步驟總共要請大人幫忙鑽16個洞！

警告：使用熱熔膠槍、筆刀和電鑽時，請找大人幫忙。鑽孔時，大洞的尺寸要剛好和木棍一樣，小洞的尺寸要能讓開口銷的長腳通過，但不要讓圓頭端過得去。

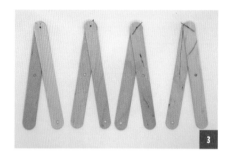

3. 把兩種壓舌板成對連接在一起，每隻「腳」對一個「支架」，鑽有小洞的那端相疊，然後將開口銷的尖端插入小洞中，直到開口銷的停在洞口為止。接著，把開口銷的兩隻長腳分別往反方向折彎，將兩片壓舌板固定在一起。

第2部分：製作機體（身體）

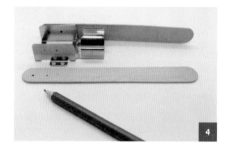

4. 拿出其餘的壓舌板，以兩片為一組，用熱熔膠黏在一起，做成兩組雙層的壓舌板，這些壓舌板要用來做機體。將這兩組雙層壓舌板分別靠在金屬齒輪箱的兩側，互相對齊，然後根據金屬箱上的孔洞位置，在壓舌板尾端做記號。

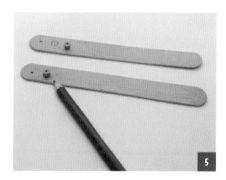

5. 在壓舌板上面比較靠近中央的記號處，放上齒輪箱組內附的**藍色襯套**，然後沿著襯套外緣描一圈。

6. 在壓舌板另一端距離圓頭邊緣
1.5公分處做一個記號，然後
在距離5公分的地方再做一個
記號。所以兩組雙層壓舌板上
應該要各有四個記號，總共八
個記號。

7. 找大人幫忙，用尺寸較大的鑽
頭（粗細和木棍一樣）在壓舌
板的四個記號處鑽洞。請注意
要放藍色襯套的那個洞要鑽大
一點，寬度要和描好的圓圈一
樣。

8. 依照齒輪箱的組裝說明，用慢
速齒輪零件和長轉軸把齒輪箱
組裝好，但先不要把轉軸末端
的白色零件裝上去。

9. 將鑽好四個洞的兩組雙層壓舌
板分別放在齒輪箱兩側，讓長
轉軸穿過離大洞最近的小洞；
這時要確認藍色襯套可以裝進
較大的洞。再將10公分木棍穿
過另一頭的兩個洞，較短的木
棍則穿過靠近中間的洞，並用
六個墊片固定這兩根木棍的位
置（如圖所示）。

接下頁 ➡

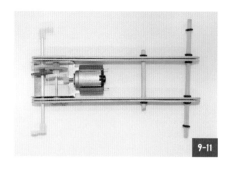

9-11

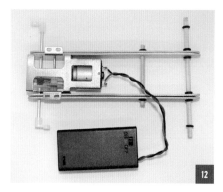

12

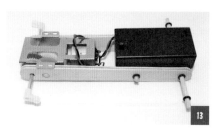

13

10. 在齒輪箱的金屬轉軸兩端，裝上白色的曲柄臂，兩側的曲柄臂方向要相反。

11. 在長木棍的兩端附近各加一個墊片，用來固定腳的位置。

12. 將整個底座翻到背面，讓齒輪箱平坦的那一面朝上。這樣可以保護齒輪和你的手指。將電池盒的紅色電線穿過馬達正極（+）金屬片上的小洞，把電線的金屬絲纏繞在金屬片上。接著用同樣的方式，把黑色電線纏繞在負極的金屬片上。

13. 將電池盒放在齒輪箱後方的兩根木棍上面，開關要朝上。可以塗一點熱熔膠或用膠帶固定電池盒的位置。

第3部分：為機器人裝上腳

14. 拿出兩對腳和支架，組合成一個「M」字，讓一對壓舌板末端的洞和另一對中間的洞對齊擺放。

15. 將左邊的洞用螺絲固定在金屬輪軸末端的白色曲柄臂上。如果需要使用電動工具，一定要

找大人幫忙。

16. 將木棍穿過右邊的洞，並在輪軸兩側都裝上墊片，好固定「M」字壓舌板的位置。

17. 將機器人轉到另一邊，然後像剛才一樣用兩對腳和支架組合成一個「M」字，讓一對壓舌板末端的洞和另一對中間的洞對齊。

18. 接下來，將右邊的洞用螺絲固定在金屬輪軸末端的白色曲柄臂上，然後讓木棍穿過左邊的洞，和另一面左右相反。裝好後，像步驟16一樣，用墊片固定住第二對「M」字壓舌板的位置。

接下頁 ➡

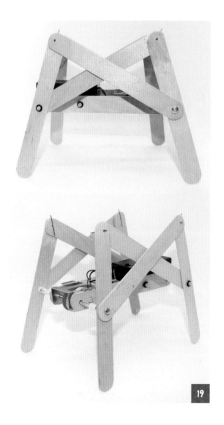

19. 最後再將電池裝入電池盒，打開開關，你的機器人就會開始走動了。

科學原理解說

因為每隻腳都是偏置於傳動軸上，當一隻腳抬起來時，另一隻腳會放在地面上，就像我們跨步的時候一樣。前腳跨出的步伐會帶動同側的後腳。

STEAM優勢：自己製作零件需要運用工程能力，測量距離會用到數學，研究四足動物如何行走則屬於科學的領域。至於你運用觀察結果製作出的機器人，就是一種科技產品。此外，如果你幫機器人裝飾美化，還需要用到藝術美感。

19 製作六足機器人

　　我們接下來要製作的機器人有六隻腳,稱為**六足機器人**。所有昆蟲都有六隻腳,這個特點有助牠們在崎嶇不平的地方行走。由於昆蟲體型很小,我們看來很平坦的地面,對牠們來說可能就像連綿的山脈一樣。不過,因為擁有六隻腳,在高低起伏的地形上移動時仍可以保持穩定。

🕐**所需時間:2小時**

⚠ 警告:使用熱熔膠槍、筆刀和電鑽時,請找大人幫忙。鑽孔時,大洞的尺寸要剛好和木棍一樣,小洞的尺寸要能讓開口銷的長腳通過,但不要讓圓頭端過得去。

🔧**材料:**

- ➲ 1個Elenco二合一齒輪箱組
- ➲ 1個可裝2顆3號電池的電池盒(附開關和導線)
- ➲ 2顆3號電池
- ➲ 20支15公分的壓舌板
- ➲ 2根10公分的木棍,直徑0.3到0.5公分
- ➲ 2個小螺絲　➲6個小型開口銷
- ➲ 16個小型橡膠O形環,內徑0.3公分(裝到木棍上時要能剛好密合)
- ➲ 熱熔膠槍和熱熔膠條　➲筆刀
- ➲ 有兩種鑽頭尺寸的電鑽
- ➲ 剪刀

注意:你可以重複使用在前一個製作中做好的腳和支架。這次要用到6支當作「腳」的壓舌板(中間有一個大洞,末端有一個小洞),以及6支當作「支架」的壓舌板(兩端各有一個大洞和一個小洞)。

接下頁 ➤

第1部分：製作機器人的腳

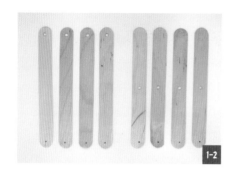

1. 拿出六支壓舌板，請大人幫忙，在每支壓舌板正中間各鑽一個洞，孔洞大小要和木棍的粗細相同。接著在這些壓舌板其中一端，距離圓頭邊緣約0.5公分處鑽一個小洞，孔洞大小要能讓開口銷的長腳通過。這些壓舌板要用來當機器人的腳。

2. 另外拿出六支壓舌板，請大人在其中一端，距離圓頭邊緣約0.5公分處鑽一個洞，孔洞大小要和木棍的粗細相同。接著在這些壓舌板另一端，距離圓頭邊緣約0.5公分處再鑽一個小洞，孔洞大小要能讓開口銷的長腳通過。這些壓舌板會用來支撐機器人的腳。這兩個步驟總共要鑽24個洞！

3. 把兩種壓舌板成對連接在一起，每隻「腳」對一個「支架」，鑽有小洞的那端相疊，然後將開口銷的尖端插入小洞中，直到圓頭端停在洞口為

止。接著把開口銷的兩隻長腳分別往反方向折彎，將兩片壓舌板固定在一起，如同鉸鏈。

第2部分：準備製作身體用的壓舌板

4. 拿出兩支還沒鑽洞的壓舌板，用銳利的筆刀或剪刀裁成一半；如果你用的是筆刀，請找大人協助你。將裁成一半的壓舌板和完整的壓舌板像磚塊一樣排成四列（如圖所示）。

5. 用熱熔膠將上面兩排壓舌板黏在一起，下面兩排也黏在一起。完成後，就會變成兩組30公分的壓舌板，不只長度加倍，厚度也加倍。

6. 你可以拿構成四腳機器人身體的壓舌板來輔助，在左半邊的壓舌板上做記號（如圖所示），最右側的洞要距離邊緣3公分左右。

7. 請找大人幫忙，用尺寸較大的鑽頭（粗細和木棍一樣）在壓舌板的10個記號處鑽洞。放齒輪箱藍色襯套的那個洞要鑽得

4

6

接下頁 ➡

大一點，寬度要和描好的圓圈
一樣。

第3部分：組裝齒輪箱

8. 依照齒輪箱的組裝說明，用慢
速齒輪零件和長轉軸把齒輪箱
組裝好，但先不要把轉軸末端
的白色曲柄臂裝上去。如果你
是拿四腳機器人的齒輪箱來重
複使用，可以保留先前接好的
電池線。

第4部分：裝上電源

9. 將電池盒的紅色電線穿過馬達
正極（＋）金屬片上的小洞，
把電線的金屬絲纏繞在金屬片
上。接著用同樣的方式，把黑
色電線纏繞在負極的金屬片
上。將齒輪箱翻到背面，讓平
坦的那一面朝上。小心的用熱
熔膠或雙面膠將電池盒黏在齒
輪箱平坦的那一面，電池盒的
開關要朝上。

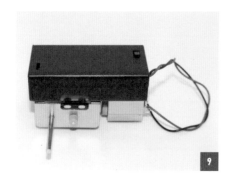

第5部分：製作機體（身體）

10. 拿出要用來製作身體的長條壓
舌板（有四個洞的），裝在齒
輪箱的兩側，並讓齒輪箱的金
屬長轉軸穿過壓舌板中間的

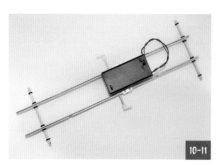

洞；要確認藍色襯套可以裝進最大的洞。將10公分木棍穿過前後兩端的洞，並用八個墊片固定這兩根木棍的位置（如圖所示）。

11. 為齒輪箱的金屬輪軸裝上白色的曲柄臂，兩側的曲柄臂方向要相反。在兩根木棍的兩端各加一個墊片，以用來固定腳的位置。

第5部分：為機器人裝上腳

12. 調整機器人身體的方向，將離齒輪箱較遠的木頭輪軸置於你的左側。用最右邊的木頭輪軸穿過一隻腳中間的洞，然後用一個墊片固定好。

13. 拿出兩對腳和支架，組合成一個「M」字，讓一對壓舌板末端的洞和另一對壓舌板中間的洞對齊。

14. 將最左邊的木頭輪軸穿過「M」字左邊的洞，然後用一個墊片固定好。

15. 將「M」字右邊的洞與腳部支架末端的洞對齊，然後用一根

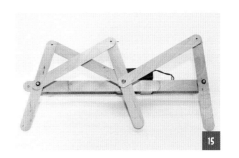

接下頁 ➡

螺絲穿過這三片壓舌板重疊處的洞，並將它們鎖在白色曲柄臂上。

16. 將機器人轉到另一邊，然後重複相同的步驟為另一邊裝上腳，不過這兩側就像是**鏡子成像**，是左右相反的。所以在這一側，我們要用最左邊的木頭輪軸穿過一隻腳中間的洞，然後用一個墊片固定好。

17. 拿出兩對腳和支架，組合成一個「M」字，讓一對壓舌板末端的洞和另一對壓舌板中間的洞對齊。

18. 將最右邊的木頭輪軸穿過「M」字右邊的洞，然後用一個墊片固定好。

19. 將「M」字左邊的洞與腳部支架末端的洞對齊，然後用一根螺絲穿過這三片壓舌板重疊處的洞，將它們鎖在白色曲柄臂上面。

20. 將電池裝入電池盒，打開開關，你的六足機器人就會開始走動了。

科學原理解說

機器人兩側最中間的腳可以控制前腳和後腳，所以用一個馬達就可以帶動六隻腳。

20

STEAM優勢：自己製作零件需要運用工程能力，測量距離會用到數學，研究六足動物如何行走則屬於科學的領域。至於你運用觀察結果製作出的機器人，就是一種科技產品。此外，如果你幫機器人裝飾美化，還需要用到藝術美感。

20 製作雙足機器人

　　我們最後要做的是**雙足機器人**，也就是有兩條腿的機器人。人類或動物用兩條腿行走時，必須在每一次邁步的過程中靠單腳保持平衡。我們的腳踝會左右調整，讓我們的身體重心保持穩定。人類的耳道結構中也有流體，可以讓我們察覺自己重心不穩或是快要跌倒。不過，要讓雙足機器人保持平衡相當不容易。某些人形機器人擁有類似「腳踝」功能的伺服機構，可以讓它們保持平衡。有些機器人還裝有**傾斜感測器**，甚至是**陀螺儀**，也都是為了避免失去平衡。我們這次要做的雙足機器人裝有兩個**桁架**，也就是支架，能讓它在邁步前進時靠單腳維持站立。

🕐**所需時間**：2小時30分鐘

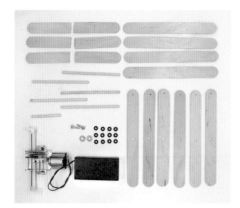

注意：你可以把四足機器人的腳部零件拿來重複使用。這個製作提案會使用四支先前用來當「腳」的壓舌板（中間有一個大的洞，末端有一個小的洞），製作成雙足機器人的腿部。

🔧**材料：**

- 1個Elenco二合一齒輪箱組
- 1個可裝2顆3號電池的電池盒（附開關和導線）
- 2顆3號電池
- 13支15公分的壓舌板
- 5根10公分的木棍，直徑0.3到0.5公分
- 1根5公分的木棍，直徑0.3到0.5公分
- 2個附墊圈的小螺絲
- 2個小型開口銷
- 12個小型橡膠O形環，內徑0.3公分（裝到木棍上時要能剛好密合）
- 熱熔膠槍和熱熔膠條　　● 筆刀

◉ 有兩種鑽頭尺寸的電鑽

◉ 剪刀

⬚ 步驟：

第1部分：準備壓舌板

1. 用剪刀將四支壓舌板對半裁剪，變成八片。

2. 接著拿出另外四支壓舌板，請大人幫忙在每支壓舌板正中間各鑽一個0.3公分的洞，孔洞大小要和木棍的粗細相同。接著在其中一端鑽一個小洞，位置距離圓頭邊緣約0.5公分，而孔洞大小要能讓開口銷的長腳通過。

第2部分：準備製作身體

3. 拿出兩支還沒鑽洞的壓舌板，用熱熔膠黏在一起。接著將剩下的兩支壓舌板同樣用熱熔膠黏起來，這樣總共會有兩組雙層壓舌板。這些壓舌板要用來做機器人的機體。

⚠ 警告：使用熱熔膠槍、筆刀和電鑽時，請找大人幫忙。鑽孔時，大洞的尺寸要剛好和木棍一樣，小洞的尺寸要能讓開口銷的長腳通過，但不要讓圓頭端過得去。

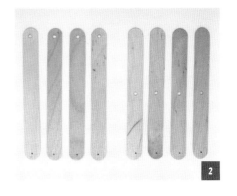

接下頁 ➡

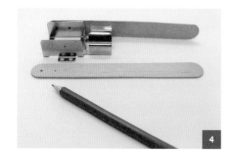

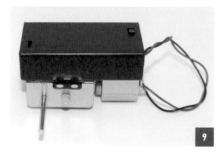

4. 將這兩組雙層壓舌板分別靠在金屬齒輪箱的兩側，互相對齊，然後根據金屬箱上的孔洞位置，在壓舌板尾端做記號。接著在比較靠近中央的記號處，放上齒輪箱組內附的藍色襯套，然後沿著襯套外緣用筆描一圈。

5. 在壓舌板另一端距離圓頭邊緣1.5公分處做一個記號，然後在距離5公分的地方再做一個記號，這樣每片壓舌板上就各有四個記號。

6. 請大人幫忙用尺寸較大的鑽頭，在壓舌板的四個記號處鑽洞，並將放藍色襯套的那個洞鑽大一點，寬度要和描好的圓圈一樣。

第3部分：組裝齒輪箱

7. 依照齒輪箱的組裝說明，用慢速齒輪零件和長轉軸把齒輪箱組裝好，但先不要把轉軸末端的白色曲柄臂裝上去。

8. 將電池盒的黑色電線穿過馬達正極（＋）金屬片上的小洞，

再把電線的金屬絲纏繞在金屬片上。接著再用同樣的方式，把紅色電線纏繞在負極的金屬片上。

9. 用熱熔膠或雙面膠將電池盒黏在齒輪箱平坦的那一面，記得開關要在上面。

第4部分：製作機體（身體）

10. 將已經鑽好四個洞的兩組雙層壓舌板分別放在齒輪箱兩側，讓長轉軸穿過離大洞最近的小洞；要確認藍色襯套可以裝進較大的洞。

11. 用一根10公分的木棍穿過離齒輪箱最近的洞，並用四個墊片固定好。

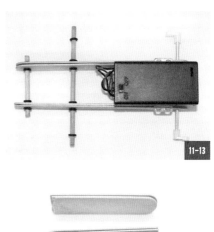

11-13

12. 用5公分的木棍穿過前面的洞，並用四個墊片固定好。

13. 拿出齒輪箱組內附的兩個白色曲柄臂，裝到金屬轉軸上，兩側的曲柄臂方向要相反。

第5部分：製作機器人的腳

14. 先拿出六片半截壓舌板，其中四片兩兩成對，用熱熔膠黏在一起，剩下兩片半截的壓舌板

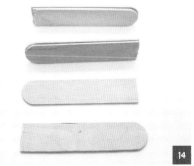

14

接下頁 ➡

不用黏起來。

15. 將六片半截壓舌板全部疊在一起，請大人幫忙在兩端靠近邊角的地方鑽洞，孔洞的大小要和木棍差不多。如果你把這些壓舌板都疊在一起鑽洞，就可以讓所有洞的位置對齊。

16. 拿出四支要當作「腿」的壓舌板（中間有一個大的洞，末端有一個小的洞），兩兩成對，用熱熔膠黏在一起，讓腿部更堅固。

17. 將腿部雙層壓舌板沒打洞的那端，黏在半截雙層壓舌板的中間。底部這兩組半截壓舌板上的洞要在下方（如圖所示），且圓頭方向要相反。

18. 將剩餘的10公分木棍穿過底下的洞，讓雙腳可以立起來。

19. 將另外兩片鑽好洞的半截壓舌板黏在腳的背面。注意底部的半截壓舌板外側不要有木棍凸出來，黏貼時注意單層壓舌板的圓頭要和雙層壓舌板的圓頭對齊。

20. 在最後剩下的兩片半截壓舌板
上，鑽出一大一小的兩個洞，
間距不要超過5公分（如圖所
示）。

21. 將這兩片半截壓舌板和腿部的
壓舌板相疊，用開口銷的尖端
穿過小洞，然後把開口銷的兩
隻腳分別往外折彎。

第6部分：將腳裝到身體上

22. 用螺絲和墊圈，將兩隻腳分別
裝到金屬轉軸的白色塑膠曲柄
臂上面。

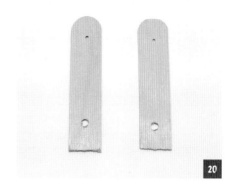

20

21

接下頁 ➡

23. 讓機體上較長的木棍穿過兩組半截壓舌板的孔洞，並用四個墊片固定好。

24. 將電池裝入電池盒，打開開關後，你的雙足機器人就會開始走動了。如果機器人會往前傾倒，請嘗試讓支撐臂的兩洞距離縮短到5公分以內，這樣可以改變機器人的重心，讓它站得更直。

25. 別忘了，你還可以用其他零件、麥克筆、貼紙或是你找得到的任何東西來裝飾，讓你的機器人變成超酷的人物、動物或恐龍。

科學原理解說

因為機器人不像人類有腳踝，所以我們在兩隻腳的內側加上木樁，幫機器人保持平衡。

STEAM優勢： 自己製作機器人的零件需要運用工程能力，測量距離會用到數學，研究兩隻腳的機器人如何平衡則屬於科學的領域。將觀察結果運用於製作能自己保持平衡的機器人，就是製造出科技產品。此外，如果你幫機器人裝飾美化，還需要用到藝術美感。

第8章

機器人與未來

機器人學這門學問不僅又酷又有趣，對於人類的未來也非常重要。機器人讓我們可以超越人體的局限，完成更偉大的事情。人類的身體雖然很厲害，但還是有很多做不到的事情。我們可以針對需要執行的工作，設計出完全符合需求的機器人，這就是機器人的優勢所在。

　　人類曾踏足月球，但現在太空探索任務幾乎都由機器人進行。機器人已造訪過太陽系的所有行星，而且「航海家1號」和「航海家2號」甚至已經離開我們所居住的太陽系，去探索更遠的地方。對於太空中的人類來說，機器人非常有用，它們可以偵查哪裡適合人類登陸，還能將補給品送到遙遠的星球上，讓人類在遠離地球的地方仍然能夠生存。

　　雖然我們可能還要等上好一段時間，才能夠有自己專屬的機器人助理，但在不久的將來，應該就會出現很多令人興奮的機器人了。開發機器人助理的其中一個難題，就是要讓它們能用兩隻腳穩定行走，不會跌倒。像美國波士頓動力公司（Boston Dynamics）打造的雙足機器人「亞特拉斯」（Atlas），不僅能走在雪地上、慢跑、跳過障礙物，甚至還能後空翻。

　　不過，機器人最重要的技術革新，或許不在於機體，而在於它們的大腦。所謂的人工智慧（簡稱AI），就是指電腦擁有自行學習的能力。AI機器人可以自己學習如何完成工作，不需要依靠編寫好的程式，對人類非常有幫助；但這也讓不少人感到畏懼，擔心有一天AI機器人會試圖控制世界。不過，有件重要的事情一定要記住：只要你知道如何製作機器人，就會知道如何拆解它們。

　　如果你熱愛機器人，希望未來能從事和機器人有關的工作，有很多不錯的職業可以選擇。你可以成為機器人工程師，負責管理機器人的開發製造；也可以當個機器人技師，負責維修故障的機器人；此外，還可以成為軟體工程師，負責撰寫讓機器人大腦運作的程式碼。由於機器人學涉及STEAM的每一門學科，無論你以後選擇什麼樣的職業，幾乎都有機會在工作上接觸到機器人，就像我一樣！

附錄

學習資源

關於製作機器人的方法，網路上有很多不錯的學習資源。讀完本書之後，你還可以看看以下這些網站，繼續發掘更多關於機器人的知識：

➲ https://robots.ieee.org/
介紹各種不同的機器人。

➲ https://meetedison.com/
販售一款可以使用LEGO積木擴充的機器人，能用於學習各種程式語言。

➲ https://learn.adafruit.com/
提供許多可以自己動手做的活動靈感，是很不錯的網站。

➲ https://hackaday.com/
這個網誌很有趣，提供很多改造日常用品或製作有趣物件的方法。

➲ https://makezine.com/
自造者／創客文化的專門網站。

➲ https://www-robotics.jpl.nasa.gov/
提供NASA機器人的相關資訊。

➲ https://www.vexrobotics.com/
全球最大型機器人競賽的網站。

➲ https://www.bostondynamics.com/
全球規模最大的機器人公司之一。

➲ https://www.khanacademy.org/
提供各種學科的免費學習資源。

➲ https://scratch.mit.edu/
免費的程式語言平台，很適合用來學習寫程式。

詞彙表

縮寫：以其他字詞的第一個英文字母組合起來，表達出特定概念的詞，像STEAM就是由science（科學）、technology（科技）、engineering（工程）、art（藝術）和mathematics（數學）的第一個字母組合而成。

致動器：機器人的一部分，可以移動其他東西，例如馬達、齒輪、滑輪和伺服機構。

仿生機器人：外觀或動作很像人類的機器人，例如C-3PO、鐵巨人和瓦力

藝術：透過各形式呈現的創作。

人工智慧：不用依靠人類輸入資訊，就能自己學習的電腦程式。

自動機：可以自行移動，並使用齒輪和槓桿做出某些動作（例如演奏樂器）的機器。

輪軸：穿過齒輪或車輪中心，讓齒輪或車輪在上面轉動的桿子或轉軸。

壓艙物：放在船底，讓船在水中保持平衡的重物。

萬向滾珠輪：裝在固定座中的球體，能支撐物體的重量並讓物體往任何方向自由移動，就像傳統電腦滑鼠裡面的滾球那樣。

氣壓計：一種氣象儀器，可測量周遭氣壓，可用於比較不同時間的氣壓變化，進而預測天氣。

電池：一種電力來源，可藉由化學反應提供能量給電子迴路。

雙足：形容有雙腳可以行走。

麵包板：可以插入電子元件的基座，很適合用來製作電子迴路的原型。

障礙感測器：機械式的槓桿、開關或裝置，在碰到其他物體時會傳送訊號給機器人的控制器。

燈座：用來固定燈泡的基座。

襯套：可減緩機器振動的橡膠或塑膠物。

電容器：一種可以儲存電力的電子元件，類似電池。

重心：能讓物體達到完全平衡的點或位置。

機體：機器人、汽車或機器的基本架構。

圓周：特定形狀（通常是圓形）的外側邊界或周邊的長度。

文明：不同群體為了共同進步而一起建立生活秩序的方式。

懸崖感測器：用於檢測表面邊緣的裝置。

電腦：一種精密的控制器，每秒可以處理許多輸入資訊並且輸出結果。

導體：可以讓電流通過的材料。

控制器：如同機器人的「大腦」，可將感測器的輸入資訊轉化成動作。

開口銷：一種末端可以張開或反折的金屬器具，能用來穿過孔洞或小開口，並將兩個物體連接在一起。

曲柄臂：輪軸末端的槓桿，能將輪軸轉動的動作轉化成上下或前後動作。

解碼：嘗試解析電腦系統或程式如何運作。

設計：在製作機器人之前，事先規劃機器人的外觀和動作。

裝置：用於執行特定功能的物體，通常是電子式或機械式。

直徑：特定形狀（通常是圓形）當中最長的一段距離。

效應器：機器人與周圍環境接觸的部分，通常附著在致動器上，例如輪子、腳和手臂。

電子迴路：可以讓電流通過的環狀或迴圈路徑。

電力：一種由帶電粒子（例如電子）構成的能量，可以通過電流（也就是電荷的流動）傳遞。

電子訊號：一種電流脈衝，可以將資訊從一個元件傳送到另一個元件。

電解的：形容某物包含電解質（一種非金屬的導電體）。

電子：一種帶負電的粒子，會繞著原子的中心旋轉。

工程：運用科學和數學來建造機器人、機器、建築、道路、橋梁，以及其他對人類有助益的結構物。

演進：人類或事物隨著時間緩慢變化及改善的過程。

強磁性：由具有強烈磁性或容易磁化的材料製成。

現成物件：在創作藝術或製作機器人時使用，但與原本用途完全不同的東西。

墊片：以彈性材料（通常是橡膠）製成的環狀物，用於讓兩種不同材質的東西緊密接合或固定在一起。

齒輪：一種輪狀物，輪緣上平均分布著缺口，形成一個個稱為輪齒的突起物。

齒輪箱：有許多齒輪嚙合在一起、裝在裡面的容器。

陀螺儀：一種可以旋轉的輪子，能自由朝不同方向傾斜，所以可保持旋轉方向不變。

六足：形容擁有六隻腳的機器人或動物。

單極馬達：一種簡易電路，使用電池、磁鐵和電線產生轉動或旋轉的動作。

人形：具有與人類相似的特質。

液壓裝置：一種科技，能利用推送或抽吸管狀容器或管道中的液體來移動重物。

紅外線發射器：一種會散發紅光的發光二極體，但其波長超過人類肉眼可視的範圍，常用於傳送遙控訊號。

創新：創造有助於人類的新事物，例如各種有用的發明、機器人或產品。

輸入資訊：來自感測器的資訊或數據，可讓電腦或機器做出某些動作。

絕緣體：電流無法通過的材質，例如橡膠或塑膠。

國際太空站（ISS）：一個繞著地球運行的人造結構體，太空人可以生活在其中，並在沒有大氣和重力的環境中進行科學實驗。

槓桿：一種簡單的機構，以橫槓利用支點來移動重物，就像翹翹板的座板與中間的支點。

發光二極體（LED）：一種半導體，在電流通過時會產生光子，也就是發光。

運動：從一處移動到另一處。

低電壓、低電流的馬達：只需要少量電壓和電流就可以轉動的一種馬達，通常是由太陽能板來提供電力。

數學：探究數字之間的關係，以及如何用數字來描述宇宙的一門科學。

機械式：形容某物是以機器製造。

機動學：研究當某一物體作動時，如何帶動其他相接物體作動的科學。

微控制器：一種可以執行簡單工作的小型電腦。

麥克風：一種能將聲音轉變為電子訊號的轉換器；轉換器就是能把某種輸入資訊轉換成另一種輸出資訊的裝置。

鏡子成像：反映在中軸或中線另一邊的成像。

平衡裝置：一種動態或可移動的

裝飾品，能保持平衡並旋轉，可能包含許多零件或有很多層可以分開旋轉。

馬達：一種裝置，能將某種能量（例如電力或熱能）轉變成特定形式的機械運動（例如旋轉）。

NASA：美國國家航空暨太空總署（National Aeronautics and Space Administration）的縮寫；這是美國的政府機關，負責太空航行和太空相關領域的研究。

釹：元素週期表中的一個化學元素，可製造非常強力的磁鐵。

核反應：藉由分裂或增加原子核來產生能量的作用。

偏置：指偏離物體中心或中間的位置。

歐姆（ohm）：用於測量電阻的單位。

輸出資訊：裝置對於輸入資訊的處理結果。

並聯電路：一種電子迴路，其中所有電子元件接收到的電壓都會相同。

帕爾帖接面元件：一種雙面的裝置，可以將兩面的溫差轉化成電流，或是可以施加電流讓兩面變得一冷一熱。

永久磁鐵：可以長時間保持磁場的材料，如冰箱磁鐵和釹磁鐵。

垂直：與另一個表面或另一條線呈現90度（也就是直角）相交。

光子：光的基本粒子。

光敏電阻器：一種電子元件，其電阻會隨著入射光的多寡而產生變化。

氣動裝置：一種利用加壓氣體或空氣來移動致動器的科技。

極性：電子元件（例如電池和LED）的一種狀態，讓電流只有在電子元件以特定方式連接時才能通過。

編寫程式：使用特殊的語言（也就是程式碼），告訴電腦或微控

制器要做什麼事情、執行的方式和／或執行的時機。

螺旋槳：一種扇狀物，可根據旋轉的方向往前或往後推動空氣或者水。

原型：某種機器人、機器或結構體的初步模型，用來改良以後的成品。

滑輪：周邊有溝槽能承載繩索的輪子，可用來提重物；使用時，繩索要綁住搬運的物體或與該物體連接，然後穿過上方滑輪的輪槽，這樣就可以從某個角度拉動繩子搬運物體，較省力。

輻射：物理學上以波或粒子形式釋放的能量。

文藝復興：歐洲歷史上的一個時期，代表著黑暗時代的結束，我們現今所知的科學也是在這個時期開始發展。

電阻器：讓電路中的電流流動減緩的裝置。

機器人學家：發明、設計、製造、維修機器人並為機器人撰寫程式的人。

機器人學：著重於機器人的一門工程學。

衛星：一種人造裝置，屬於機器人探測器，會在太空中繞著地球運行。

科學：透過觀察、假設和實驗求證，嘗試了解周遭事物運作方式的過程。

半導體：在特定條件下能夠導電的材料。

感測器：可以偵測周圍環境並將相關資訊發送到控制器的裝置。

串聯電路：一種電子迴路，其中所有元件會分享電源的總電壓。

伺服機構：一種齒輪馬達，可以在設定的運動範圍內偵測自身的位置，也就是面對的方向。

太陽能板：可將光子的能量轉換為電流的裝置。

電烙鐵：一種工具，可以熔化軟金屬（稱為「焊料」），用來將另外兩個較硬的金屬物體（在電子學中通常是銅）連接在一起。

電磁線圈：一種致動器，藉由通過線圈的電流產生強力磁場。

太空時代：這個時期始於人類在1957年發射首度向太空發射衛星，也就是「史普尼克1號，並且一直延續至今。

太空探測器：一種機器人太空船，從地球軌道出發以探索太陽系和更遠的地方，並將資料傳回地球。

STEAM：科學、科技、工程、藝術和數學的英文縮寫。

刺激：這裡指感測器偵測到的環境變化。

科技：運用科學上的發現，創造出實用的工具、流程或器具，能讓人類用來提高工作成效或改善日常生活。

電極／端子：電線或電池的端點，或是裝置或電路中電流傳遞路徑的端點；電池的端點稱為電極，其他大多稱為端子。

溫度計：用來測量溫度的裝置。

傾斜感測器：一種特殊的開關，外形像管子，裡面有一顆金屬球，可以根據傾斜方向前後滾動；在傾斜時，金屬球就會碰到管子的其中一端，讓控制器知道表面往哪個方向傾斜。

電晶體：一種半導體，可以放大或增強訊號，還可以當成電子式開關，用來阻止或允許電流流動，現今的電腦都有使用。

排解問題：測試機器人、電路或機器的各個零件，並在出現錯誤時找出問題所在。

桁架：結構中的支撐梁，通常以三角形的構造相接。

實作教學：關於如何學習特定主題或完成特定專案的深入說明。

微法拉：縮寫為 μF，是電容的
測量單位；電容也就是電能的儲
存量。

伏特：電位的測量單位。

電壓：電路中任意兩點之間的電
位差，也就是電壓的差距。

作者簡介

鮑伯・凱托維奇任職於「機器人城市工作坊」（芝加哥機器人愛好者與工匠的總部），將他對電子學、工程學和科學的熱愛化為教學活動，帶領各個年齡層的孩子認識這些科目。身為專案主任的鮑伯，針對從學齡前兒童到大學生的不同教學對象，規劃了許多課後活動，並親自撰寫適合學生的課程內容，最近也開始為底特律的小學生提供課程。

童心園 童心園系列 147

【玩・做・學STEAM創客教室】自己做機器人圖解實作書： 5大類用途X20種機器人，從零開始成為機器人創客

Awesome Robotics Projects for Kids: 20 Original STEAM Robots and Circuits to Design and Build

作　　　　者	鮑伯・凱托維奇（BOB KATOVICH）
譯　　　　者	穆允宜
總　編　　輯	何玉美
責　任　編　輯	鄒人郁
封　面　設　計	劉昱均
內　文　排　版	尚騰印刷事業有限公司

出　版　發　行	采實文化事業股份有限公司
行　銷　企　劃	陳佩宜・黃于庭・蔡雨庭・陳豫萱・黃安汝
業　務　發　行	張世明・林踏欣・林坤蓉・王貞玉・張惠屏・吳冠瑩
國　際　版　權	王俐雯・林冠妤
印　務　採　購	曾玉霞
會　計　行　政	王雅蕙・李韶婉・簡佩鈺
法　律　顧　問	第一國際法律事務所　余淑杏律師
電　子　信　箱	acme@acmebook.com.tw

采　實　官　網	www.acmebook.com.tw
采　實　臉　書	www.facebook.com/acmebook01
采實童書粉絲團	https://www.facebook.com/acmestory/
I　S　B　N	978-986-507-591-0
定　　　　價	350 元
初　版　一　刷	2021 年 12 月
劃　撥　帳　號	50148859
劃　撥　戶　名	采實文化事業股份有限公司
	104台北市中山區南京東路二段95號9樓
	電話：(02)2511-9798
	傳真：(02)2571-3298

國家圖書館出版品預行編目（CIP）資料

【玩・做・學STEAM創客教室】自己做機器人圖解實作
書：5大類用途X20種機器人，從零開始成為機器人創客 /
鮑伯.凱托維奇(Bob Katovich)作；穆允宜譯. -- 初版. -- 臺北
市：采實文化事業股份有限公司, 2021.12
　面；　公分. -- (童心園系列；147)
譯自：Awesome robotics projects for kids : 20 original
STEAM robots and circuits to design and build.
ISBN 978-986-507-591-0(平裝)
1.機器人 2.通俗作品
448.992　　　　　　　　　　　　110016947

童心園

童心園

童心園

童心園